D1754146

MIX
Papier aus verantwortungsvollen Quellen
Paper from responsible sources
FSC® C105338

René J. Laglstorfer

Die Zukunft des intelligenten Automobils

Wirtschaftliche Markteinführungsszenarien am Beispiel Audi

Diplomica® Verlag GmbH

Laglstorfer, René J.: Die Zukunft des intelligenten Automobils: Wirtschaftliche
Markteinführungsszenarien am Beispiel Audi. Hamburg, Diplomica Verlag GmbH 2013

ISBN: 978-3-8428-9322-1
Druck: Diplomica® Verlag GmbH, Hamburg, 2013

Bibliografische Information der Deutschen Nationalbibliothek:
Die Deutsche Nationalbibliothek verzeichnet diese Publikation in der Deutschen
Nationalbibliografie; detaillierte bibliografische Daten sind im Internet über
http://dnb.d-nb.de abrufbar.

Die digitale Ausgabe (eBook-Ausgabe) dieses Titels trägt die ISBN 978-3-8428-4322-6
und kann über den Handel oder den Verlag bezogen werden.

Dieses Werk ist urheberrechtlich geschützt. Die dadurch begründeten Rechte,
insbesondere die der Übersetzung, des Nachdrucks, des Vortrags, der Entnahme von
Abbildungen und Tabellen, der Funksendung, der Mikroverfilmung oder der
Vervielfältigung auf anderen Wegen und der Speicherung in Datenverarbeitungsanlagen,
bleiben, auch bei nur auszugsweiser Verwertung, vorbehalten. Eine Vervielfältigung
dieses Werkes oder von Teilen dieses Werkes ist auch im Einzelfall nur in den Grenzen
der gesetzlichen Bestimmungen des Urheberrechtsgesetzes der Bundesrepublik
Deutschland in der jeweils geltenden Fassung zulässig. Sie ist grundsätzlich
vergütungspflichtig. Zuwiderhandlungen unterliegen den Strafbestimmungen des
Urheberrechtes.

Die Wiedergabe von Gebrauchsnamen, Handelsnamen, Warenbezeichnungen usw. in
diesem Werk berechtigt auch ohne besondere Kennzeichnung nicht zu der Annahme,
dass solche Namen im Sinne der Warenzeichen- und Markenschutz-Gesetzgebung als frei
zu betrachten wären und daher von jedermann benutzt werden dürften.

Die Informationen in diesem Werk wurden mit Sorgfalt erarbeitet. Dennoch können
Fehler nicht vollständig ausgeschlossen werden, und der Diplomica Verlag, die Autoren
oder Übersetzer übernehmen keine juristische Verantwortung oder irgendeine Haftung
für evtl. verbliebene fehlerhafte Angaben und deren Folgen.

© Diplomica Verlag GmbH
http://www.diplomica-verlag.de, Hamburg 2013
Printed in Germany

Kurzfassung

Gegenstand der hier vorgestellten Arbeit ist die Frage, wie die *AUDI AG* ihre Car2X-Dienste in den Markt einführen kann. Car2X steht dabei für *Car-to-X Communication* und bezeichnet die Kommunikation eines Fahrzeugs mit vielen unterschiedlichen Objekten durch eine drahtlose Funkverbindung.

Erster Schritt dieser Studie ist die theoretische Einführung, in welcher die Grundlagen und Rahmenbedingungen von Car2X erläutert werden. Darauf aufbauend gibt der Praxisteil zuerst Aufschluss über die wichtigsten Voraussetzungen für eine Markteinführung von Car2X: *Kundenakzeptanz und technische Durchdringung*. Daraufhin werden zwei verschiedene Ansätze mit insgesamt fünf Markteinführungsszenarien entwickelt und ökonomische Aspekte wie die Kosten- und Erlös-Situation näher betrachtet. Am Ende des praktischen Rahmens stehen die gewonnenen Ergebnisse in einer Gegenüberstellung. Auf Basis aller bisherigen Erkenntnisse werden schließlich die gezeigten Szenarien zu einer idealtypischen und zu einer realistisch-flexiblen Markteinführungsvariante verdichtet.

Abstract

The purpose of this book is to determine how the *AUDI AG* can introduce its Car2X services into the market. Car2X stands for *Car-to-X Communication* and means the communication of a vehicle with any number of objects.

The first step of this book is the theoretical introduction which describes the basics and parameters of Car2X. Based upon this, the practical section outlines the most important assumptions of a market introduction of Car2X: *customer acceptance and technical penetration*. After that, two different approaches comprising a total of five market introduction scenarios are developed and economic aspects, such as the cost-benefit situation, are closely examined. At the end of the practical section of the book the results are presented in the form of a comparison. Finally, based on the preliminary findings, the five examined scenarios are condensed to an ideal variant and into a realistic market introduction variant.

Inhaltsverzeichnis

1	**EINLEITUNG**	**9**
1.1	AUSGANGSSITUATION	9
1.2	MOTIVATION UND ZIELSETZUNG DER ARBEIT	10
1.3	INHALT UND AUFBAU DER ARBEIT	11
2	**GRUNDLAGEN ZU CAR2X**	**12**
2.1	DIE UNMÖGLICHKEIT, NICHT ZU KOMMUNIZIEREN	12
2.2	UBIQUITOUS UND PERVASIVE COMPUTING ALS WEGBEREITER VON CAR2X	13
2.3	CAR-TO-X COMMUNICATION	17
2.3.1	Car2Personal Equipment	19
2.3.2	Car2Home/Office	19
2.3.3	Car2Enterprise	20
2.3.4	Car2Car	20
2.3.5	Car2Infrastructure	21
2.4	CAR 2 CAR COMMUNICATION CONSORTIUM	22
2.5	TECHNISCHER HINTERGRUND	23
3	**RAHMENBEDINGUNGEN VON CAR2X**	**28**
3.1.	THEORETISCHER RAHMEN ZUR MARKTEINFÜHRUNG VON INNOVATIONEN	28
3.2	MARKTEINFÜHRUNGSSTRATEGIE FÜR INNOVATIONEN	30
3.3	KONKURRENZSITUATION	33
3.3.1	USA	34
3.3.2	Japan	36
3.3.3	Schlussfolgerungen	38
3.4	IDENTIFIKATION DER STAKEHOLDER	39
3.4.1	Öffentliche Interessenten	41
3.4.1.1	Europäische Union	42
3.4.1.2	Regierungsbehörden	45

3.4.1.3	Städte und Gemeinden bzw. Web-Unternehmen	46
3.4.2	Kommerzielle Interessenten	51
3.4.2.1	Automobilhersteller	51
3.4.2.1.1	Privatkunden	52
3.4.2.1.2	Geschäftskunden	52
3.4.2.1.3	Flottenkunden	53
3.4.2.2	Straßen- und Mautbetreiber	55
3.4.2.3	Teilelieferanten	57
3.4.2.4	Versicherer	57
3.4.2.5	Sonstige Dienstleister	59
4	**MARKTEINFÜHRUNG VON CAR2X**	**63**
4.1	METHODIK	63
4.1.1	Auswahl der Methodik	63
4.1.2	Auswahl der Experten	64
4.2	VORAUSSETZUNGEN FÜR DIE MARKTEINFÜHRUNG VON CAR2X	65
4.2.1	Kundenakzeptanz und –Wunsch nach Car2X-Diensten	65
4.2.2	Technische Marktdurchdringung	71
4.3	MARKTEINFÜHRUNGSSZENARIEN	78
4.3.1	Zwangseinführung durch die öffentliche Hand	79
4.3.1.1	Szenario 'Direkte Regulation'	79
4.3.1.2	Szenario 'Indirekte Regulation'	81
4.3.2	Markteinführung durch kommerzielles Stufenmodell	83
4.3.2.1	Szenario 'Alleingang des Konzerns'	83
4.3.2.2	Szenario 'C2C-CC Gründungsmitglieder'	86
4.4	WIRTSCHAFTLICHE ASPEKTE	89
4.4.1	Direkter Ergebnisbeitrag	89
4.4.2	Indirekter Ergebnisbeitrag	92

5		**ERGEBNISSE DER ARBEIT**	**98**
5.1		GEWINN- UND VERLUST-SITUATION	98
5.2		IDEALTYPISCHE VS. REALISTISCH-FLEXIBLE MARKTEINFÜHRUNG	101
6		**FAZIT UND AUSBLICK**	**105**

Anhang	109
LITERATURVERZEICHNIS	111
ABBILDUNGSVERZEICHNIS	119
TABELLENVERZEICHNIS	121
ABKÜRZUNGSVERZEICHNIS	122
LEITFADEN FÜR DAS EXPERTENINTERVIEW MIT DR. BEIER	126
TRANSKRIPT DES EXPERTENINTERVIEWS MIT DR. BEIER	131
LEITFADEN FÜR DAS EXPERTENINTERVIEW MIT DR. MATHEUS	161
TRANSKRIPT DES EXPERTENINTERVIEWS MIT DR. MATHEUS	165

1 Einleitung

1.1 Ausgangssituation

Warum ist das Thema dieser Studie wichtig? Die Antwort darauf ist in ungelösten Problemen hinsichtlich Verkehrssicherheit, -effizienz und Umweltschutz zu finden. 1,7 Mio. Menschen verletzten sich 2005 im europäischen Straßenverkehr, 41.600 Menschen verloren bei Unfällen ihr Leben. Bereits vor sechs Jahren fasste die *Europäische Union* (EU) im Rahmen des *„White Paper on European Transport Policy"* den Entschluss, die Zahl der Verkehrstoten bis 2010 um die Hälfte zu reduzieren. (vgl. Stead 2006, S. 367)

Laut einer Studie des *Deutschen Instituts für Wirtschaftsforschung* würden sich 60 % aller Unfälle mit Personenschaden durch die in dieser Studie vorgestellte Kommunikationstechnologie vermeiden lassen (vgl. o.V. 2006a). Zu geringer Abstand, gefährliche Spurwechsel, das Ignorieren von Vorfahrtsregeln und Überfahren roter Ampeln etc. könnten der Vergangenheit angehören, wenn Car2X Wirklichkeit wird.

Nicht minder wichtig als sicherheitsrelevante Überlegungen erscheint der Umweltschutz, wie sich in der aktuellen CO_2-Debatte widerspiegelt: Staus, Stop&Go-Wellen sowie Suchverkehr belasten das ökologische Gleichgewicht. In Deutschland führen 33 Mio. Liter verschwendeter Treibstoff pro Tag nicht nur zu einer erheblichen Umweltbelastung, sondern auch zu 13 Mio. Stunden Zeitverlust und einem volkswirtschaftlichen Schaden von 250 Mio. Euro pro Tag (vgl. o.V. 2007a: 1, Projektbeschreibung Invent, http://www.invent-online.de/de/projekte.html). Auch hier bieten ins Automobil integrierte Kommunikationstechnologien noch nie dagewesene Lösungsansätze: Lässt sich der Verkehrsfluss auf intelligente Weise steuern, erhöht das die Mobilität und Effizienz im Straßenverkehr. Die Folge sind kürzere Reisezeiten, geringere Emissionen, eine verminderte Belastung der Umwelt und weniger Kosten – in Summe also eine Reduzierung des volkswirtschaftlichen Schadens.

1.2 Motivation und Zielsetzung der Arbeit

Höhere Sicherheit, eine gesteigerte Mobilität und vermehrter Umweltschutz führen zu einem gesteigerten Allgemeinwohl – sind aber bei weitem nicht die einzigen Beweggründe für diese Studie. Car2X-Dienste haben beträchtliches ökonomisches Potenzial zur langfristigen Gewinnsteigerung – nicht nur allein für einen Automobilhersteller wie die AUDI AG, sondern für eine Vielzahl von weiteren Partnern. Eine Fülle an theoretischen Anwendungsmöglichkeiten, völlig neue Geschäftsmodelle und Vertriebskanäle scheinen in Zukunft realisierbar. Doch nicht alles macht Sinn, nicht jede Anwendung wirft von Beginn an kommerziellen Ertrag ab, sondern erfordert ganz im Gegenteil hohe Anfangsinvestitionen und birgt damit ein großes Risiko in sich.

Zielsetzung dieser Studie ist es, den strategischen Weg aufzuzeigen, der für die Marktimplementierung der automobilen Kommunikationstechnologie Car2X zurückgelegt werden muss. Herauszufinden, welche Voraussetzungen berücksichtigt werden müssen, mit welcher wirtschaftlichen Situation gerechnet werden muss und wo der eine oder andere "Knackpunkt" mit welchen Alternativlösungen zu meistern ist. Zusammengefasst: *Was muss gegeben sein, um den Erfolg einer Markteinführung sicherzustellen?* Die zentrale Forschungsfrage lautet demnach:

WIE KANN DIE AUDI AG CAR2X-DIENSTE IN DEN MARKT EINFÜHREN?

In letzter Konsequenz soll neben Handlungsalternativen auch ein Bewusstsein für den Umgang mit den neuen automobilen Kommunikationstechnologien geschaffen werden, also eine Art Drehbuch und Handlungsanleitung auf dem Weg zu einem Automobil, das intelligent wird und vernetzt mit seiner Umwelt kommuniziert.

1.3 Inhalt und Aufbau der Arbeit

Im Anschluss an die **Einleitung** behandelt das *zweite Kapitel* die **Grundlagen zu Car2X** und erklärt seinen kommunikationswissenschaftlichen und informationstechnischen Ursprung. Dabei führt der Weg über den Kommunikationsbegriff nach WATZLAWICK und die allgegenwärtige Computerisierung nach WEISER.

Im *dritten Kapitel* werden die **Rahmenbedingungen von Car2X** behandelt: Zuerst wird ein theoretischer Rahmen für Markteinführungsstrategien geliefert, dann eine Bestandsaufnahme der Konkurrenzsituation gezeigt und schließlich alle Car2X-Stakeholder näher beleuchtet. Die forschungsleitenden Hypothesen werden in diesem Kapitel aus der zentralen Forschungsfrage heraus gebildet.

Mit dem *vierten Kapitel* **Markteinführung von Car2X** beginnt der Praxisteil, in dem die zuvor aufgestellten Forschungshypothesen verifiziert bzw. falsifiziert werden. Zuerst werden die Methodenwahl und das Forschungsinstrument dargestellt. In weiterer Folge werden die wichtigsten Voraussetzungen behandelt, die für ein Gelingen einer flexiblen Markteinführungsstrategie grundlegend sind und diese dann ausführlich thematisiert. Schließlich werden fünf unterschiedliche Szenarien für eine Markteinführung von Car2X erläutert. Abgerundet wird dieses Kapitel durch die Betrachtung wirtschaftlicher Aspekte.

Die **Ergebnisse der Arbeit** hinsichtlich Kosten- und Erlös-Situation fasst das *fünfte Kapitel* zusammen und stellt sie gegenüber. Last, but not least werden die fünf gezeigten Szenarien zu einem idealtypischen und zu einem realistisch-flexiblen verdichtet, um eine diesbezügliche Handlungsempfehlung abzugeben.

Das *sechste* und *letzte Kapitel* **Fazit und Ausblick** zieht ein Resümee über die gesamte Arbeit und zeigt ein mögliches Zukunftsbild auf.

2 Grundlagen zu Car2X

2.1 Die Unmöglichkeit, nicht zu kommunizieren

Der am 31. März 2007 verstorbene Österreicher PAUL WATZLAWICK prägte vor bald 40 Jahren die Kommunikationstheorie mit einer nüchternen Betrachtung von menschlicher Kommunikation:[1] Sein 1969 herausgegebenes Buch *„Menschliche Kommunikation – Formen, Störungen, Paradoxien"* begreift allein die gegenseitige Wahrnehmung von zwei Personen als kommunikatives Verhalten. Egal wie sich jemand verhält, er vermittelt damit immer eine Botschaft. Da es unmöglich ist, sich nicht zu verhalten, kann man auch nicht *nicht* kommunizieren. (vgl. Watzlawick/Beavin/Jackson 1969, S. 51)

Ging es dem Psychologen WATZLAWICK mit seiner These um die soziale Kommunikation zwischen Menschen, lassen die technologischen Umwälzungen und Revolutionen in den vergangenen 20 Jahren eine Weiterentwicklung seines berühmten *„Metakommunikativen Axiomes"* zu.

Vor noch wenigen Jahrzehnten verrichteten ausschließlich Menschen mechanische Arbeiten, beispielsweise in Automobilfabriken. Heute sind es in zunehmender Art und Weise computergesteuerte Roboter, die schneller, fehlerloser und nach einer bestimmten Amortisationszeit vor allem kostengünstiger produzieren. Nicht nur in der Industrie, sondern auch in der Agrar- und Dienstleistungswirtschaft kommen Maschinen in immer vielfältigeren Formen zum Einsatz, sodass sich ein eigener, vierter Wirtschaftssektor rein für Informations- und Kommunikationstechnologien entwickelt hat. *„Schon 2005 wurden mehr Daten zwischen Maschinen als zwischen Menschen ausgetauscht. Laut Forrester Research sollen es bis 2020 30 Mal mehr sein."* (Pollack 2006, S. 9)

Vorstellbar ist demnach, dass eines Tages nicht nur Menschen nicht *nicht* kommunizieren können, sondern auch Maschinen. Zwei Termini, die begrifflich für diese Vision der immer und überall miteinander kommunizierenden Maschi-

---

[1] lat. *communicare* = mitteilen

nen stehen, werden in weiterer Folge näher betrachtet: *Ubiquitous und Pervasive Computing*.

2.2 Ubiquitous und Pervasive Computing als Wegbereiter von Car2X

„The history of computers is actually quite simple. In the beginning there were no computers. Then there were computers. And then there were none again. Between the second and the third stage, they simply disappeared. They didn't go away completely. First they faded into the background. Then they actually merged with the background." (Brown 2001, S. 86)

So bringt JOHN SEELY BROWN, ehemaliger Direktor des *Palo Alto Research Centers* (PARC), die bevorstehende Computerisierung des Alltags auf den Punkt. Um die Entstehung von *Ubiquitous und Pervasive Computing* zu verstehen, muss zuerst ein Blick in die Vergangenheit geworfen werden: In den 50er-Jahren fanden die ersten Rechenmaschinen nur in riesigen Lagerhallen mit einem immensen Stromverbrauch Platz und wurden ausschließlich von Wissenschaftlern bzw. Militärs bedient. Trotzdem galten die damaligen Computer mit plötzlich noch nie dagewesenen Rechenleistungen als revolutionär für die damalige Zeit. Die ständige Weiterentwicklung dieser gigantischen, unverhältnismäßig energieintensiven Rechner mündete vor rund 25 Jahren in die kommerzielle Produktion von relativ *handlichen "Personal Computern"* (PC) für den privaten wie auch kommerziellen Bedarf. Inzwischen sind sie in beinahe jedem Haushalt der westlichen Hemisphäre präsent. Nahezu kein Unternehmen kann es sich mehr leisten, auf Informationstechnologie in Form eines PCs zu verzichten. Dadurch vollzog sich eine weitere Computer-Revolution. (vgl. Mattern 2003, S. 4 ff)

Bis zu dieser zweiten Computer-Revolution kommunizierten ausschließlich Menschen untereinander, freilich bereits mit technischen Hilfsmitteln wie dem Telefon. In den 80er Jahren ermöglichte der PC eine echte Mensch-Maschine-Interaktion, indem Personen mit Computern erstmals wechselseitig Informationen austauschten. Am Beginn des 21. Jahrhunderts sind wir mit der Tatsache konfrontiert, dass die Bedeutung des PC in seiner klassischen Form als Büroapplikation immer weiter in den Hintergrund rückt. Er wird vielfach nur noch deswegen angeschafft, um zur dritten Computer-Revolution innerhalb von wenigen Jahrzehnten Zugang zu haben: Das Aufkommen des Internets revolutionierte alle Bereiche der modernen Welt mit seinen schier unzähligen und immer neuen Anwendungen. Laut NEIL GERSENFELD vom *Media Lab* des *Massachusetts Institute of Technology* (MIT) war das rasante Wachstum des Internets nur der Zündfunke einer viel gewaltigeren Explosion. Sie wird losbrechen, sobald die Dinge das Internet nutzen. (vgl. Gershenfeld 1999, S. 75)

Bei Betrachtung der drei vorangegangen Revolutionen *(Urrechner, PC, Internet)* gemeinsam mit der Entwicklung von menschlich-maschineller Kommunikation lässt sich herauslesen, dass der nächste Schritt eine vierte Computer-Revolution sein wird, in der beliebige Dinge lernen, mit anderen Dingen Informationen auszutauschen – also Maschinen mit Maschinen kommunizieren. (vgl. Mattern 2003, S. 2)

„Das Internet verbindet heute fast alle Computer der Welt, und nun macht es sich daran, auch die übrigen Gegenstände zu vernetzen" (Mattern 2003, S. 1), fasst FRIEDEMANN MATTERN vom *Institut für Pervasive Computing* der *ETH Zürich* plakativ zusammen, wofür Ubiquitous bzw. Pervasive Computing im weitesten Sinne steht. Da beide Begriffe sowohl in der Populär- als auch in der Fachliteratur immer wieder synonym verwendet werden, ist eine genaue Definition der beiden Termini wichtig:

Unter **Ubiquitous Computing** (engl. *ubiquitous* = allgegenwärtig) ist eine omnipräsente Computertechnik zu verstehen, die unaufdringlich den Menschen in den Mittelpunkt rückt, um ihm das Leben zu erleichtern. Ubiquitous Computing lässt sich nicht unmittelbar, sondern erst in weiterer Zukunft realisieren und ist von der Forschung wissenschaftlich geprägt. Der Terminus wird vor allem in Nordamerika verwendet. (vgl. Weiser 1991, S. 96 ff)

Unter **Pervasive Computing** (lat. *pervadere* = durchdringen) ist ebenfalls die allgegenwärtige Informationsverarbeitung zu verstehen, die in alle Bereiche des Lebens eindringt. Jedoch liegt der Fokus auf der ökonomischen Anwendbarkeit bzw. Verwertbarkeit im Hier und Heute und nicht erst in weiterer Zukunft. Der Terminus Pervasive Computing wurde also von der Wirtschaft kommerziell geprägt und wird vor allem in Europa verwendet. (vgl. Mattern 2003, S. 4)

Vordenker der allgegenwärtigen Computerisierung der realen Welt war MARK WEISER. Er verwendete 1988 zum ersten Mal den Terminus *"Ubiquitous Computing"*. Drei Jahre später legte er mit seinen visionären Überlegungen im Aufsatz *„The Computer for the 21st Century"* den Grundstein für ein neues Computer-Verständnis: Nicht mehr länger die Technik steht im Vordergrund, sondern der Mensch. Computer in ihrer heutigen Form verschwinden in den Hintergrund und werden durch winzige Rechner ersetzt, die immer und überall miteinander Informationen austauschen. Diese unsichtbare Allgegenwärtigkeit von Informationstechnologie soll den Mensch intuitiv bei der Bewältigung von alltäglichen Aufgaben unterstützen und ihn letztendlich entlasten: *„Machines that fit the human environment, instead of forcing humans to enter theirs, will make using a computer as refreshing as taking a walk in the woods."* (Weiser 1991, S. 104)

Doch wie soll diese vage Zukunftsvision jemals möglich werden? Ein Hinweis darauf ist der anhaltende Trend zur Miniaturisierung sowie die enormen Fortschritte der Mikroelektronik. Einer der faszinierendsten Physiker des 20. Jahrhunderts, RICHARD FEYNMAN, warf die Frage nach winzigen Computern schon 1960 auf: *„Why can't we make them very small, make them of little wires, little elements – and by little, I mean little. ... There is nothing that I can see in the physical laws that says the computer elements cannot be made enormously smaller than they are now."* (Feynman 1960, S. 64)

Einen weiteren Hinweis gab ebenfalls schon sehr früh der Mitbegründer von IBM, GORDON MOORE: Vor mehr als 40 Jahren formulierte er das "MOORE'sche Gesetz", das in Kurzform besagt, dass sich die Leistungsfähigkeit von Prozessoren bei konstanter oder sogar eher abnehmender Größe und Preis etwa alle 18 Monate verdoppelt (vgl. Moore 1965, S. 114 f).

Anzumerken ist, dass es sich dabei nicht um ein Gesetz im wissenschaftlichen Sinn, sondern bestenfalls um eine Faustregel bzw. einen Erfahrungswert handelt. Ursprünglich nur für die ersten zehn Jahre prognostiziert, verlängerte sich das MOORE'sche Gesetz immer wieder und trat mit einer *"lächerlichen Genauigkeit"* ein, wie MOORE später selbst sagt. Mittlerweile ist es für die Computerindustrie zu einer Art selbsterfüllenden Prophezeiung geworden, die sogar ihre Produktionspläne darauf ausrichtet. Ein Ende des MOORE'schen Gesetzes zeichnet sich derzeit nicht ab, weil Prozessoren immer leistungsfähiger werden bzw. bei gleich bleibender Leistung immer kostengünstiger zu erwerben sind. Die Mikroelektronik ist also weiterhin die wichtigste treibende Kraft hinter dem Fortschritt von Pervasive Computing. (vgl. Mattern 2003, S. 7 ff)

"By making things smaller, everything gets better simultaneously ... The speed of our products goes up, the power consumption goes down, system reliability ... improves, ... the cost ... drops" (Moore 1995, S. 8). Eines der ersten Ergebnisse dieser Entwicklung ist RFID (engl. *Radio Frequency Identification* = Identifizierung über Radiowellen). Diese kostengünstige Transponder-Technologie wird bereits in der Logistik, aber zusehends auch im täglichen Leben, zB im Kleiderhandel eingesetzt und kann als erster Vorbote für Pervasive Computing gewertet werden.

Nachdem die Begriffe nun klar voneinander getrennt sind wird im folgenden Kapitel die *"alles durchdringende Kommunikation"* in der Automobilbranche näher behandelt, die mit dem Fachbegriff *Car-to-X Communication* bezeichnet wird.

2.3 Car-to-X Communication (Car2X)

"The most profound technologies are those that disappear. They weave themselves into the fabric of everyday life until they are indistinguishable from it." (Weiser 1991, S. 94)

Mit diesen zwei Sätzen zeichnete MARK WEISER sehr früh ein Bild von Ubiquitous bzw. Pervasive Computing und damit auch von Car2X: Die ausgereiftesten Technologien der Zukunft werden unsichtbar und mit ihrer Umgebung verflochten sein, bis sie sich nicht mehr von ihr unterscheiden lassen. Diese Verschmelzung mit der Umwelt erfordert ein hohes Maß an Funktionalität und Kommunikationsfähigkeit, die miteinander in einer Abhängigkeitsbeziehung stehen: *„Je reichhaltiger die Funktionalität eines Gegenstandes, desto umfangreicher ist dessen Kommunikationsbedürfnis: Während ein Hammer heute noch gut ohne Leuchtdioden, Pfeiftöne oder Minibildschirm auskommt, sind funktional reichhaltigere Dinge wie Kaffeemaschinen, Videorekorder, Mobiltelefone, Lastkraftwagen oder Werkzeugmaschinen auf Kommunikationshilfen angewiesen."* (Fleisch/Mattern 2005, S. 23)

Noch mehr Funktionalität als die genannten Beispiele bieten Automobile, wonach sie aufgrund der oben gezeigten Abhängigkeitstheorie über ein hohes Kommunikationsbedürfnis verfügen. Der Umkehrschluss, je kommunikationsfähiger ein Automobil ist, desto mehr Funktion und Nutzen eröffnen sich für den Kunden, mündet in die These: *„Gute Produkte wollen kommunizieren"* (Fleisch/Mattern 2005, S. 23). Die AUDI AG verpflichtet sich mit ihrem Markenslogan *„Vorsprung durch Technik"* seit Anfang der 80er Jahre zu hochwertigen Premium-Automobilen, die dank technischer Innovation, einen Vorsprung mit sich bringen. Das Bedürfnis hochwertiger Produkte nach Kommunikation, ebnet den Weg für Car2X, das wie folgt definiert wird:

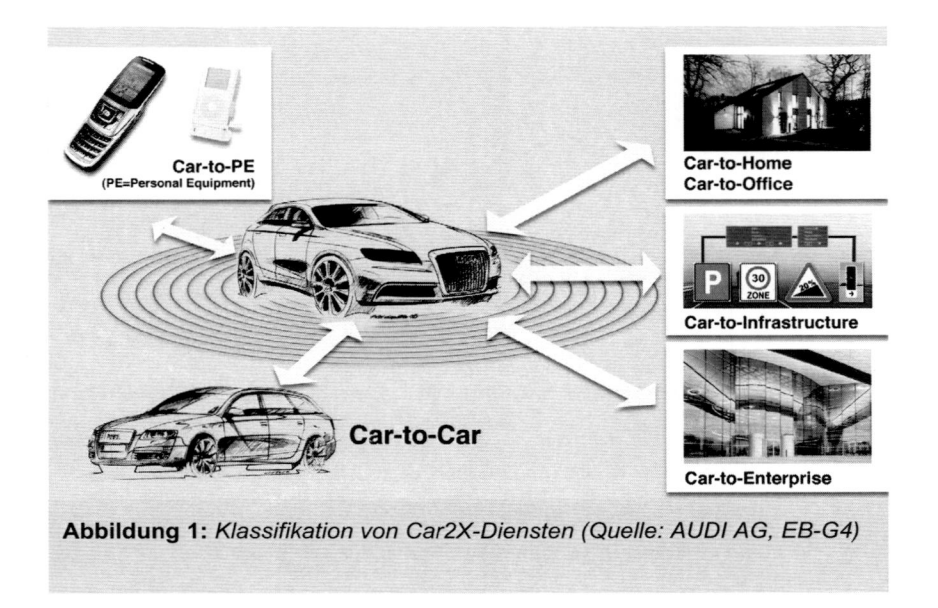

Abbildung 1: *Klassifikation von Car2X-Diensten (Quelle: AUDI AG, EB-G4)*

Unter **Car-to-X Communication** *(engl. = Fahrzeug zu X-Kommunikation)* versteht man den drahtlosen Austausch von Informationen eines Fahrzeugs mit beliebig vielen Objekten, zB mit tragbaren *Elektronikgeräten (Car2Personal Equipment)*, mit dem Zuhause bzw. dem Büro *(Car2Home/Office)*, mit Unternehmen, die kommerzielle Dienste anbieten *(Car2Enterprise)*, mit der Verkehrsinfrastruktur *(Car2Infrastructure)* oder mit anderen Fahrzeugen *(Car2Car)*. Der Begriff „Car" beinhaltet nicht nur PKW´s, sondern schließt explizit jegliches Kraftfahrzeug ein, zB LKW´s, Motorräder oder Busse. Ziel von Car2X ist eine Steigerung der Sicherheit, der Mobilität und des Komforts im Straßenverkehr.

2.3.1 Car2Personal Equipment

Schon heute lässt sich das Handy über Bluetooth drahtlos an das integrierte Infotainment-Bediensystem und sogar an die Außenantenne vieler Automobile anschließen *(UHV, Universelle Handy-Verarbeitung)*. Car2Personal Equipment stellt eine Erweiterung auf alle denkbaren tragbaren Elektronikgeräte dank einer WLAN-Kommunikationsschnittstelle dar: Notebooks, mp3-Player, Digitalkameras, DVD-Player, Videokameras, Spielekonsolen etc. sollen in Zukunft kabellos mit den Infotainmentsystemen der Fahrzeuge vernetzt werden. Mögliche Anwendungen sind zB der drahtlose Datentransfer von Musik-, Foto- oder Videodateien ins Fahrzeug oder die Synchronisation des elektronischen Adressbuches und Terminplaners. (vgl. Felbermeir 2006, S. 9)

2.3.2 Car2Home/Office

Während es bei Car2Personal Equipment um die Verknüpfung von tragbaren Elektronikgeräten mit dem Fahrzeug geht, wird bei Car2Home/Office die meist unbewegliche Haus- bzw. Büroinfrastruktur mit einbezogen. Hierzu gehört in erster Linie der PC. Aber auch die Ankoppelung der Heizung, der Klimaanlage, der Beleuchtungsinstallation, der Alarmanlage oder des automatischen Garagenöffners erscheinen denkbar. Mögliche Anwendungen sind die Zusammenstellung des Musikprogramms und die Planung der Route vom PC aus, um sie bequem ins Auto zu übermitteln. Am Ende der Fahrt kann die zurückgelegte Strecke wiederum auf den PC übertragen und zB der Spritverbrauch, die gefahrenen Kilometer oder die Durchschnittsgeschwindigkeit ausgewertet und analysiert werden. Auch die Fernsteuerung der Heizung und Klimaanlage sind denkbar. Die Lichteranlage schaltet sich beim Heranfahren an das Zuhause automatisch ein, die Alarmanlage aus und das Garagentor öffnet sich. (vgl. Felbermeir 2006, S. 9)

2.3.3 Car2Enterprise

Die dritte Untergruppe von Car2X umfasst kommerzielle Dienste, die von Unternehmen angeboten werden. Beispiele hierfür sind ortsabhängige Dienste, sogenannte *Location Based Services* wie Tankstellen, die ihr Verkaufssortiment durch das Anbieten von digitalen Straßenkarten oder mp3-Musik erweitern. Diese neuen digitalen Produkte können während des Tankens direkt ins Auto übertragen und auch von dort bargeldlos bezahlt werden. Beliebig viele weitere solcher kommerziellen Car2Enterprise-Dienste sind denkbar. Sie eröffnen Unternehmen ein völlig neues Geschäftsfeld in Verbindung mit dem Automobil, das bis dato so nicht realisierbar war. (vgl. Felbermeir 2006, S. 8)

2.3.4 Car2Car

Schon heute befindet sich in einem Automobil modernste Elektronik mit On-Board-Computern und Sensoren. Diese registrieren den Aufprall, bevor ihn die Insassen wahrnehmen, sorgen dafür, dass sich Sicherheitsgurte straffen, Airbags aufblasen, die Benzinpumpe gestoppt wird, um die Gefahr eines Brandes auszuschließen, schalten die Innenraumbeleuchtung ein und lösen Notrufe aus. Neben diesen passiven leisten aktive Sicherheitssysteme wie das *Antiblockiersystem* (ABS), die *Antriebsschlupfregelung* (ASR) oder das *Elektronische Stabilisierungsprogramm* (ESP) einen wichtigen Beitrag zur Sicherheit im Straßenverkehr. (vgl. Proskawetz 2007, S. 1)

All diese bereits existierenden Technologien erfassen jedoch nur die direkten Vorgänge in unmittelbarer Umgebung. Ziel von Car2Car ist es, die von den verschiedenen Sensoren gesammelten Informationen zu verknüpfen und auszuwerten, um sie letztendlich zu verbreiten, sodass ein umfassendes und überall verfügbares Kommunikationsnetzwerk entsteht. Dadurch ist der Fahrer immer einen Schritt früher informiert, er weiß zB frühzeitig, ob sich hinter der nächsten Kurve ein Stau gebildet hat oder in einem bestimmten Streckenabschnitt mit Glatteis oder Nebel zu rechnen ist. Das bedeutet, dass der Erfassungshorizont des Fahrers erweitert wird, indem er Informationen über ein demnächst eintreffendes Ereignis in Echtzeit erhält. (vgl. Felbermeir 2006, S. 7)

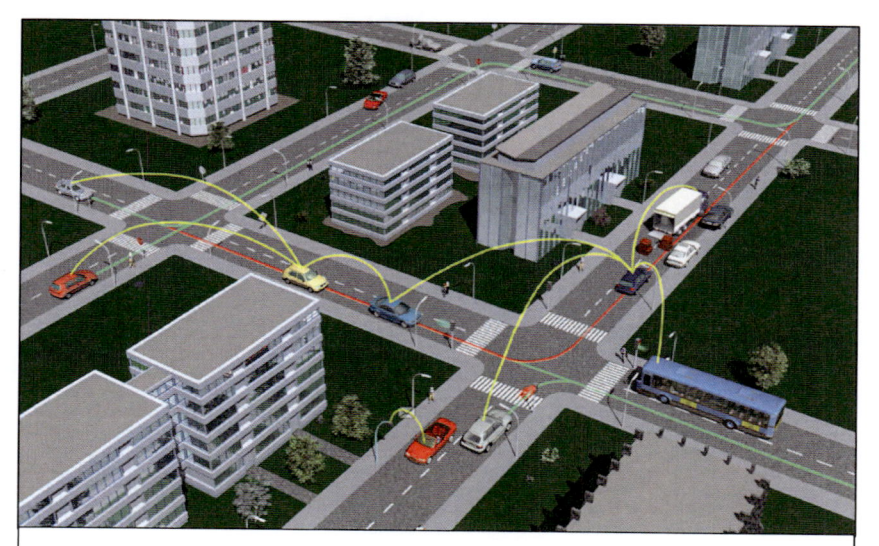

Abbildung 2: *Simulation von Car2Car-Kommunikation in einem städtischen Ballungsraum (Quelle: Paniati 2003)*

2.3.5 Car2Infrastructure

Die Sensoren des Fahrzeuges zeigen jedoch nur ein beschränktes Bild. Zusätzlich sollen in Verkehrszeichen, -signalen und -leitsystemen eingebaute Infrastruktursensoren Informationen über den Straßenverkehr und die Wetterverhältnisse liefern. Der Fahrer erhält durch das Zusammenspiel von Car2Car- und Car2Infrastructure-Daten ein umfassendes Bild der aktuellen Verkehrs- und Wetterlage. (vgl. Felbermeir 2006, S. 7)

Das visionäre Ziel, durch Car2Car und Car2Infrastructure eines Tages im Straßenverkehr in die Zukunft zu blicken, kann nach derzeitigem Forschungsstand nicht von einem einzigen Automobilhersteller allein verwirklicht werden. Vielmehr erfordert es eine Zusammenarbeit auf breiter Ebene zwischen Forschern, Zulieferern und möglichst allen Automobilherstellern. Aus diesem Verständnis heraus stellt das folgende Kapitel den bedeutendsten Zusammenschluss in Sachen Car2X in Europa vor: das *CAR 2 CAR Communication Consortium*.

2.4 CAR 2 CAR Communication Consortium

Die bedeutendste Institution in Europa im Bereich von Car2X ist das *CAR2CAR Communication Consortium* (C2C-CC). Diese gemeinnützige Einrichtung wurde 2002 von der *AUDI AG*, der *BMW Group*, der *DaimlerChrysler AG* und der *Volkswagen AG* gegründet und steht Automobilherstellern, Zulieferern, Forschungszentren und jedem, der sich mit Car2X beschäftigt, offen. Als gleichberechtigte Partner kamen 2004 *Opel, Fiat, Honda und Renault* hinzu.

Abbildung 3 + 4: *Die vier deutschen Automobilhersteller, die 2002 das Car2Car Communication Consortium gegründet haben*
(Quelle: Proskawetz 2004, S. 13, leicht mod.)

Abbildung 5: *2004 kamen vier weitere Automobilhersteller als gleichberechtigte Partner zum C2C-CC hinzu*
(Quelle: Proskawetz 2004, S. 13, leicht mod.)

Ziel des C2C-CC ist es, die Verkehrssicherheit und –effizenz zu erhöhen, indem die Zahl der Unfälle im Straßenverkehr entscheidend reduziert und der Verkehrsfluss erkennbar verbessert wird. Dies soll durch die Entwicklung eines offenen Industriestandards erreicht werden, damit die Fahrzeuge möglichst vieler Hersteller miteinander kommunizieren können. Dieser notwendige Standard, der für das Funktionieren von Car2X-Diensten erforderlich ist, wird im folgenden Kapitel samt einem kurzen technischen Abriss erklärt.

2.5 Technischer Hintergrund

Technologisch betrachtet basiert Car2X auf dem offenen Funktechnologie-Standard WLAN IEEE 802.11[2]. Für sicherheitskritische Car2Car und Car2Infrastructure-Anwendungen wird mit IEEE 802.11p ein eigener WLAN-Standard entwickelt, welcher in den USA als *Dedicated Short Range Communication* (DSRC) bezeichnet wird. Dieser erfüllt die spezifischen Anforderungen eines bidirektionalen Informationsaustausches zwischen Fahrzeugen *(Car2Car)* sowie zwischen Fahrzeugen und stationären Einrichtungen *(Car2Infrastructure)*: Kurze Übertragungszeiten im Mikrosekundenbereich sowie ein rascher Ad-Hoc-Netzwerkaufbau durch Knoten, die sich permanent an- und abmelden und die Informationspakete ohne Datenverlust von einem Sender zum nächsten weiterreichen. (vgl. Tauschek 2006, S. 18)

Hinsichtlich der physikalischen Ebene basiert DSRC auf dem WLAN-Standard IEEE 802.11a. Für nicht sicherheitskritische Car2Car und Car2Infrastructure-Anwendungen ist IEEE 802.11g vorgesehen. Dieser ist mit IEEE 802.11b kompatibel. Beide finden derzeit stark expandierend in öffentlichen, privaten und Büro-Netzwerken Verwendung. Bereits heute existiert eine Vielzahl von Produkten, die IEEE 802.11a/b/g-tauglich sind: Notebooks, Spielekonsolen, Digital- und Videokameras etc. (vgl. Matheus/Morich/Lübke 2004, S. 2 f)

Wichtig für die Schnelligkeit und Verlässlichkeit von sicherheitskritischen Car2Car und Car2Infrastructure-Anwendungen ist eine eigenständige, geschützte Funkfrequenz. Die herkömmlichen WLAN-Frequenzen von IEEE 802.11b/g und IEEE 802.11a/h im Bereich von 2,4 bzw. 5 GHz für öffentliche und private Netze sind für sicherheitskritische Stau- oder Unfallwarnungen nicht geeignet. Deshalb hat sich die größte europäische Interessensgemeinschaft in Sachen Car2X, das C2C-CC, auf ein geschütztes Frequenzband im Bereich von 5,9 GHz geeinigt (5,875 bis 5,825 GHz). Anders als in den USA, wo diese Frequenz bereits offiziell zugeteilt worden ist, steht sie in Europa von Seiten

---

[2] Wireless Local Area Network (WLAN); Institute of Electrical and Electronics Engineers (IEEE)

des Europäischen Normungskomitees CEN *(Comité Européen de Normalisation)* immer noch aus. Doch nur mit dieser eigenen, geschützten Funkfrequenz im Bereich von 5,9 GHz können Störungen oder gar Manipulationen ausgeschlossen werden und gleichzeitig ein hoher Standard an Sicherheit, Übertragungsgeschwindigkeit und Zuverlässigkeit garantiert werden – Faktoren, die für die Akzeptanz des gesamten Systems zwingend erforderlich sind. (vgl. Mertens 2007, S. 36)

Aus Gründen der Vereinfachung und besseren Verständlichkeit wird in dieser Studie in weiterer Folge ausschließlich von WLAN als Schlüssel-technologie für Car2X gesprochen (vgl. Specks/Rech 2005, S. 5), wobei explizit IEEE 802.11p für sicherheitsbezogene und IEEE 802.11a/b/g für nicht sicherheitskritische Anwendungen gemeint ist.

WLAN ermöglicht als besonders kostengünstiger Radiowellen-Standard für drahtlose Netzwerkkommunikation den automatischen Austausch von Daten zwischen Sender und Empfänger auch bei Relativgeschwindigkeiten von 400 km/h^3, entweder direkt im so genannten Ad-hoc-Modus zwischen On-Board-Units oder im Infrastruktur-Modus mit Hilfe einer Basisstation, die als Road-Side-Unit bezeichnet wird. (vgl. Meier/Lübke 2007, S. 4)

Erhebliche Vorteile von WLAN gegenüber zellularen Funktechnologien wie *GSM (Global System for Mobile Communications)* oder *UMTS (Universal Global Telecommunications System)* sind wie folgt:
1. *Die geringen Kosten:* WLAN ist ein offener Radiowellen-Standard und kann deshalb kostenlos benützt werden. Dem gegenüber verursachen GSM und UMTS hohe Providerkosten.
2. *Die hohe Bandbreite:* WLAN ermöglicht Übertragungsraten von bis zu 54 Mbit/s und tauscht damit 27 Mal schneller Daten aus als UMTS, das mit einer theoretischen Übertragungsgeschwindigkeit von 2 Mbit/s aufwartet. Die kommende WLAN-Erweiterung 802.11n wird bereits eine Übertragungsrate

---

[3] Zwei Fahrzeuge fahren mit einer Geschwindigkeit von jeweils 200 km/h aneinander vorbei

von bis zu 540 Mbit/s zulassen, wobei in der Forschung schon an noch höheren WLAN-Kapazitäten im Gbit/s-Bereich gearbeitet wird. (vgl. Eberspächer 2007, S. 4)

3. *die niedrige Latenzzeit:* WLAN benötigt weniger Zeit als GSM und UMTS, um eine Verbindung zwischen Sender und Empfänger aufzubauen.
4. *die einfache Adressierung:* WLAN benötigt im Gegensatz zu GSM und UMTS keine Rufnummer und kann deshalb Datenpakete einfacher und rascher verschicken (vgl. Mertens 2007, S. 16).

Über den großen Nachteil von WLAN gibt bereits die ausgeschriebene Bezeichnung *Wireless Local Area Network* Auskunft: Das Netzwerk ist lokal begrenzt, verfügt also über eine viel geringere Reichweite als so genannte WAN's (*Wide Area Network*, zB GSM und UMTS). Dies hat zur Folge, dass ausreichend viele Sender im Umkreis präsent sein müssen, um ein Funktionieren des Netzwerkes sicherzustellen. Deshalb müssen weitere Automobile als Zwischenknoten fungieren, sobald sich ein Automobil aus dem Sendebereich entfernt. Dieses so genannte Multihopping ermöglicht, dass Automobile in Form von On-Board-Units spontan selbst organisierende Ad-hoc-Kommunikationsnetzwerke bilden. IEEE 802.11p erzielt pro Singlehop immerhin schon Reichweiten von bis zu 1.000 Meter. Die Gegenüberstellung in *Abbildung 6* veranschaulicht die Beschaffenheit beider intelligenter Netzwerke:

Dezentrales Multihop-Netzwerk **Zentrales Singlehop-Netzwerk**

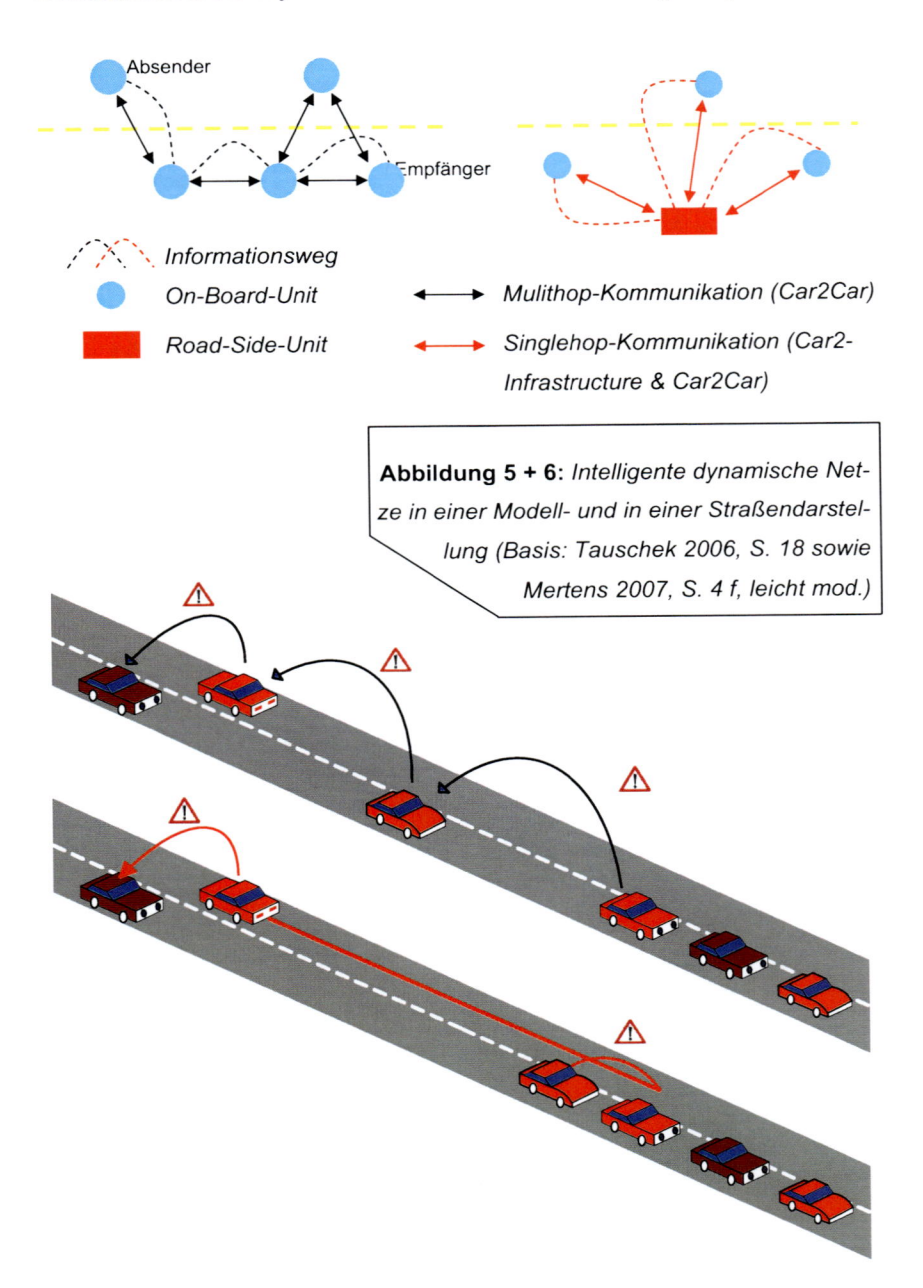

- Informationsweg
- On-Board-Unit
- Road-Side-Unit
- ⟷ Mulithop-Kommunikation (Car2Car)
- ⟷ Singlehop-Kommunikation (Car2-Infrastructure & Car2Car)

Abbildung 5 + 6: *Intelligente dynamische Netze in einer Modell- und in einer Straßendarstellung (Basis: Tauschek 2006, S. 18 sowie Mertens 2007, S. 4 f, leicht mod.)*

Zusammenfassend existiert mit WLAN also eine Massentechnologie, die kommerziell für Car2X-Dienste genutzt werden kann und alle technischen und wirtschaftlichen Voraussetzungen erfüllt. Zusätzlich gestattet WLAN die Interaktion mit bereits am Markt erhältlichen kompatiblen WLAN-Geräten wie Notebooks oder PDA's. Dies stellt für die Markteinführung von WLAN-Technologien im Automobil ein nicht zu unterschätzendes Potenzial dar. Darüber hinaus ist die Einigung des C2C-CC auf die Sendefrequenz 5,9 GHz ein wichtiger erster Schritt auf dem Weg zur Standardisierung zwischen Europa und Nordamerika.

3 Rahmenbedingungen von Car2X

Wesentlich für die erfolgreiche Einführung einer innovativen Technologie wie Car2X ist die Analyse der Rahmenbedingungen, damit mögliche Einflussfaktoren erkannt und die theoretische Basis für eine Markteinführung gelegt werden kann. Aus diesem Verständnis heraus liefert das dritte Kapitel

- *einen allgemeinen theoretischen Abriss zur Einführung von Innovationen,*
- *eine Darstellung der Strategie bei der Markteinführung von automobilen Innovationen,*
- *eine Analyse der Konkurrenzsituation sowie*
- *eine Identifikation der Stakeholder.*

3.1. Theoretischer Rahmen zur Markteinführung von Innovationen

Oft werden unter Innovationen nur technische Erfindungen verstanden, doch aus wirtschaftlicher Sicht greift dieses Verständnis zu kurz. Der österreichische Ökonom JOSEPH SCHUMPETER traf bereits 1912 in seiner *"Theorie der wirtschaftlichen Entwicklung"* eine genaue Einteilung, deren Elemente aufeinander aufbauen und eine chronologische Abfolge ergeben:

- *Zuerst wird die* **Invention** *gemacht. Sie meint die technische Erfindung oder Entdeckung an sich.*
- *Als nächster Schritt erfolgt die* **Innovation**. *Sie bezeichnet die erfolgreiche Markteinführung und wirtschaftliche Nutzbarmachung einer Invention.*
- *Am Ende kommt die* **Diffusion**. *Dieser Begriff steht für die massenhafte Verbreitung einer Innovation.* (vgl. Schumpeter 1997, S. 53)

Aus diesem Verständnis heraus lässt sich der Terminus *Innovation* wiederum in zwei Teile aufspalten: Produktneuerungen treten entweder als echte oder unechte Innovation auf. *Echte Innovationen* bieten von Grund auf neue Lösungen, die in dieser Form vorher gar nicht oder nur völlig anders möglich waren. Dem gegenüber bringen *unechte Innovationen* keine wirkliche Produktneuerung. Sie

differenzieren vielmehr ein schon bestehendes Produkt durch formale Neuerungen, um sich von der Konkurrenz abzuheben. (vgl. Matys 2005, S. 140)
In weiterer Folge werden in dieser Studie unter Innovationen ausschließlich echte Innovationen verstanden, da Car2X alle Definitionskriterien einer grundsätzlichen, so noch nie dagewesenen Neuerung erfüllt, die erfolgreich in den Markt eingeführt und nutzbar gemacht werden soll. Grundsätzlich schüren Innovationen hohe Erwartungen, einen bestimmten Bereich zu verbessern. Um eine möglichst große Diffusion zu erreichen wird versucht, diesen Erwartungen mit einem für den Kunden neuartigen Direktnutzen zu begegnen. Dem Kundennutzen steht allerdings das Risiko gegenüber, mit der Entscheidung für diese Innovation eine Fehlinvestition zu begehen. *"... Strategie bei der Markteinführung .. ist es .., das Risiko für .. Abnehmer so weit wie möglich auszuschalten"* (Matys 2005, S. 141).

Diese Risikoabfederung kann durch eine überzeugende Innovationskommunikation gelingen, indem man dem Kunden hilft, gerade zu einer komplexeren Innovation einen individuellen Zugang zu finden. Dies kann durch Nutzen- und Kompetenzbeweise des Herstellers erfolgen, indem er zeigt, dass er in der Lage ist, seine Versprechen zu halten. Eine andere Möglichkeit sind gezielte Beratungsleistungen im Vorfeld, die dem Kunden erlauben, sich mit der Innovation und ihren Einsatzmöglichkeiten noch vor der Markteinführung vertraut zu machen. Möglichkeiten hierfür sind Schnupper- oder Erprobungsveranstaltungen, Produktdemonstrationen, Roadshows mit Beratungen und Präsentationen. (vgl. Matys 2005, S. 143)

Zusammenfassend leistet also die Innovationskommunikation einen wichtigen Beitrag dazu, das Risiko, durch den Erwerb einer Innovation *„auf das falsche Pferd zu setzen"*, als minimal zu kommunizieren: *Informative Werbung* und *argumentative Öffentlichkeitsarbeit* machen den neuartigen Nutzen gerade einer komplexen Innovation leichter erkennbar und plausibler für den Kunden.

3.2 Markteinführungsstrategie für Innovationen

Um Aussagen über die erforderliche Einführungsstrategie für Car2X treffen zu können, liegt es nahe, zuerst die aktuelle Strategie bei der Einführung von Innovationen zu analysieren. Automobile Innovationen werden von den Herstellern klassischerweise Top-Down eingeführt. Das bedeutet, dass zuerst das höchste Segment – bei Audi der A8 – und schließlich alle nachfolgenden Modelle Generation für Generation von oben nach unten mit einer neuen Technologie ausgerüstet werden. Bei den meisten technisch komplexen Sonderausstattungen ergibt sich aufgrund der optionalen Wahlmöglichkeit als Zusatzfeature ein Top-Down-Stufenbild aus dem Markt heraus. Die nachfolgende Abbildung verdeutlicht anhand der Einbaurate von Navigationssystemen mit Farbbildschirm beispielhaft, wie die Kaufkraft der Audi Kunden nach Modellen verteilt ist[4]:

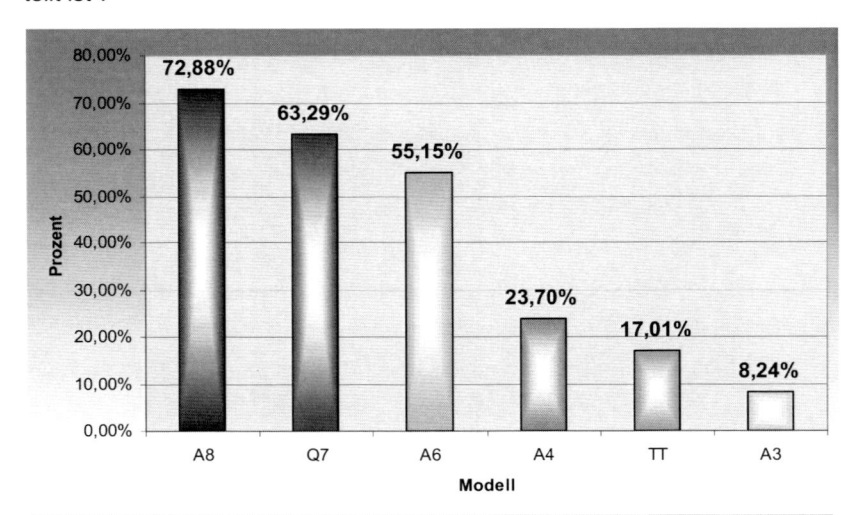

Abbildung 7: *Ausstattungsrate von Navigationssystemen mit Farbbildschirm bei Audi Modellen weltweit (Quelle: IST-Datenauszug aus Fahrzeugfertigungen der AUDI AG, 1. Halbjahr 2007, VM-33)*

Der Vorteil der bewährten Top-Down-Strategie ist, dass ein Automobilhersteller die schrittweise Markteinführung einer meist kostenintensiven Innovation finanziell leichter verkraftet, als wenn er sie flächendeckend in alle Modelle einführt. Die hohen Entwicklungs- und Produktionskosten können durch das zuerst in den höherpreisigen Segmenten erfolgende Angebot leichter auf den Verkaufspreis aufgeschlagen werden, ohne dass der Kunde verärgert wird.

Zusätzlich entsteht der Effekt, dass die Nachfrage nach der Innovation künstlich gesteigert wird: Steht eine Innovation vorerst nur in höheren Segmenten zur Verfügung, verleiht ihr das eine besondere Wirkung auf die Kunden. Gerade jene, die niedrigere Segmente fahren bzw. kaufen, wollen in ihrem Modell eine ähnlich gute Ausstattung haben, wie sie in den Top-Modellen vorhanden ist. Aus dieser Spirale heraus neigen sie dazu, die neue Technologie mit der Zeit ebenfalls in ihr Fahrzeug zu reklamieren, und zwar als optionales Zusatzfeature. Die leichtere Finanzierbarkeit und die Nachfragespirale sind zusammenfassend die Gründe für den Erfolg der Top-Down-Einführungsstrategie in der Automobilbranche.

Das bedeutet jedoch nicht, dass sie sich deshalb eins zu eins für die Einführung von Car2X anwenden lässt. Grund dafür ist wie im *Kapitel 2.5* beschrieben, dass Car2X auf Netzwerkkommunikation basiert. Daraus ergeben sich Netzwerkeffekte, was bedeutet, dass der Nutzen für den Kunden erst mit der Verbreitung der Technologie steigt. Ein Beispiel für solche Technologien, die Netzwerkeffekten unterliegen, ist das Telefon. Als Anfang des 20. Jahrhunderts nur die wenigsten Menschen ein Telefon besaßen, war der Nutzen dieser Kommunikationstechnologie relativ klein, weil sich nur wenige Telefongespräche zwischen einer geringen Anzahl von Menschen führen ließen. Heute verfügt in der westlichen Hemisphäre jeder Haushalt und jedes Unternehmen zumindest über ein (Mobil- oder Festnetz-) Telefon, was den Nutzen dieser Technologie vervielfacht. (vgl. Matheus/Morich 2004, S. 12 f)

Ähnlich verhält es sich mit Car2X: Aufgrund der Netzwerkeffekte, die diese Technologie mit sich bringt, ergibt sich erst aber einer gewissen Verbreitung eine Funktion für den Kunden. Ein mit einer On-Board-Unit ausgestattetes

---

[4] Vergleichbare Zahlen für den A5 liegen für das 1. Halbjahr 2007 noch nicht vor, da der Verkaufsstart erst im März 2007 erfolgte

Fahrzeug, das keinen Kommunikationspartner in Form von einer weiteren On-Board-Unit oder fix installierten Road-Side-Unit findet, ist nicht in der Lage, Nutzen zu stiften.

Das führt dazu, dass eine Markteinführung nach der Top-Down-Strategie nicht realisierbar ist: Es werden zu wenige Fahrzeuge im höheren Segment produziert, um Car2X *„von oben nach unten"* auf den Markt zu bringen. Die notwendige Verbreitung von Car2X-Kommunikationsmodulen würde so überhaupt nie oder nur sehr langsam erreicht werden, was den Top-Down-Ansatz für Car2X als mögliche Einführungsstrategie ausschließt. (vgl. Matheus/Morich/Lübke 2004, S. 17)

Zusammenfassend benötigt Car2X also ein gewisses Mindestmaß an technischer Verbreitung, um zu funktionieren, denn wo kein Träger, da kein Nutzen aus dieser Innovation. Aus diesem Verständnis heraus wird die erste Forschungshypothese gebildet:

DIE MARKTEINFÜHRUNG VON CAR2X IST NUR MIT AUSREICHENDER VERBREITUNG VON KOMMUNIKATIONSMODULEN MÖGLICH

Zusammenfassend kann man sagen, dass eine in der Automobilbranche sehr erfolgreiche und bestens bewährte Strategie zur Einführung von Innovationen aufgrund der angesprochenen Netzwerkeffekte bei Car2X nicht anwendbar ist. Die besondere Herausforderung liegt nun darin, eine völlig neue Markteinführungsstrategie für diese besonderen Kriterien unterliegende Innovation namens Car2X zu entwickeln. Wie eine solche Strategie aussehen könnte, darüber geben die nächsten Kapitel Aufschluss. Doch zuvor wird noch die Konkurrenz- und Stakeholder-Situation analysiert.

3.3 Konkurrenzsituation

Naturgemäß spielen die größten Automobilmärkte der Welt auch die wichtigste Rolle bei der Entwicklung von Innovationen in dieser Branche. Nicht anders verhält es sich bei Car2X: Die *USA*, *Europa* und *Japan* sind die drei wichtigsten *„Player"*, die an der Forschung rund um Car2X arbeiten.

Abbildung 8: *Die Car2X-Märkte im Überblick*
(Basis: http://www.aidconnect.org/_layouts/images/avistio/weltkarte_gesamt.gif)

Aufgrund der Komplexität und Vielschichtigkeit von Car2X fanden in den drei Weltmärkten Zusammenschlüsse zahlreicher Automobilhersteller statt, wie bereits mit der Vorstellung des europäischen C2C-CC angedeutet wurde. Denn eine erfolgreiche Einführung von Car2X kann nach heutigem Wissensstand nur dann gelingen, wenn sich möglichst viele Automobilhersteller zusammenschließen und gemeinsam an der Markteinführung von Car2X arbeiten. In weiterer Folge werden deshalb die Car2X-Konsortien auf den anderen beiden automobilen Weltmärkten vorgestellt und ihre aktuellen Projekte diskutiert.

3.3.1 USA

Das US-Verkehrsministerium (DOT, Department of Transportation) steckt in einem Dilemma: Investitionen in den weiteren Ausbau des Autobahnsystems der USA können mittlerweile kaum noch vorgenommen werden. Gründe dafür sind der mangelnde Platz, der dort, wo es nötig wäre, nicht vorhanden ist und die Ausbaumaßnahmen kaum noch zu finanzieren sind. Darum liegt das Hauptaugenmerk des DOT darauf, das aktuelle Straßensystem effizienter zu machen. Unter Effizienzsteigerung ist in diesem Zusammenhang die größtmögliche Aufrechterhaltung des Verkehrsflusses durch Unfallvermeidung und Verkehrsinformationen zu verstehen, damit Autofahrer Staus frühzeitig umfahren und die Aufräumdienste verbleibende Unfälle schnell aufarbeiten können. (vgl. Herrtwich 2005, S. 161)

Auf Grundlage dieser Überlegungen startete das DOT im Jahr 2003 die Initiative *Vehicle Infrastructure Integration*. Zwei Jahre später entwickelte sich daraus das amerikanische Gegenstück zum C2C-CC aus Europa: Das *Vehicle Infrastructure Integration Consortium* (VIIC). Dieses umfasst neben dem DOT weitere Verkehrsministerien aus zehn amerikanischen Bundesstaaten, die staatliche Autobahn-Behörde FHWA *(Federal Highway Administration)*, die nationale Verkehrssicherheitsbehörde NHTSA *(National Highway Traffic Safety Administration)* sowie sieben Automobilhersteller aus Deutschland, den USA und Japan *(BMW, Daimler, Ford, General Motors, Nissan, Toyota und Volkswagen)*. (vgl. Krishnan 2007, S. 28 f)

Ziel von VIIC ist es, die Sicherheit und Mobilität im Straßenverkehr zu erhöhen. Dies soll durch den Aufbau einer Kommunikationsinfrastruktur erreicht werden, die Informationen in Echtzeit zwischen Fahrzeugen und der Infrastruktur austauscht. Hierfür werden Streckenabschnitte und Fahrzeuge mit WLAN-Modulen ausgestattet. Bereits 1999 bewilligte die amerikanische Kommunikationsbehörde FCC *(Federal Communications Commission)* eine eigene Sendefrequenz von 5,9 GHz für Car2X. Dieser wichtige Schritt wurde bisher in Europa noch nicht gemacht, wird aber in absehbarer Zeit erfolgen müssen, um nicht den Anschluss an die USA zu verlieren. In der Nähe von Detroit wurde Mitte 2007 ein Erprobungsfeldtest auf einer Fläche von über 50 km^2 gestartet. Darin sollen folgende Warn- und Informationsdienste getestet werden (vgl. o.V. 2007j: 2, Major Initiative Status Report, http://www.its.dot.gov/itsnews/fact_sheets/vii .htm, Jänner 2007):

- *Dynamische Verkehrsinformationen*
- *Warnung bei Missachtung von Verkehrszeichen und -signalen*
- *Informationen zu Straßenbedingungen (Schlaglöcher, Wetter etc.)*
- *Alternative Routenführung*
- *Zahlungstransaktionen (zB Maut, Tanken, Parken etc.)*
- *Verkehrsmanagement und –kontrolle*
- *Risiko- und Sicherheitsmanagement*

Der aktuelle VIIC-Plan geht davon aus, dass bis Ende nächsten Jahres genügend Informationen aus dem Feldtest gesammelt werden können, um die Einführung von Car2X zu starten. Hierfür ist Ende 2008 der Beschluss eines Commitments vorgesehen, womit sich alle VIIC-Partner zu einer Einführung von Car2X verpflichten. Drei Jahre später, also beginnend in 2012, sollen die ersten Fahrzeuge verkauft werden, die Car2X-Anwendungen wie jene oben integriert haben. Im Rahmen dieses Szenarios geht das VIIC davon aus, dass die notwendige Kommunikationsinfrastruktur in allen 50 amerikanischen Bundesstaaten verfügbar ist und die Hälfte der Gesamtbevölkerung, also über 150 Mio. Menschen, erreicht werden können. (vgl. o.V. 2007j: 2, Major Initiative Status Report, http://www.its.dot.gov/itsnews/fact_sheets/vii .htm, Jänner 2007)

Die Kosten für den Ausbau der Kommunikationsinfrastruktur werden zwischen **3,7** und **4,8 Mrd. US-Dollar** kalkuliert. Das ist eine immense Summe, macht aber letztendlich nicht einmal fünf Prozent des jährlichen DOT-Haushalts aus (vgl. o.V. 2007i, S. 2 ff). Darüber hinaus arbeitet ein weiteres Car2X-Konsortium aus den USA an Projekten für mehr Sicherheit im Straßenverkehr: Das *Vehicle Safety Consortium* (VSC) umfasst dabei die Automobilhersteller Daimler, Ford, General Motors, Honda und Toyota. VSC-Projekte sind die beiden Sicherheitsanwendungen CICAS *(Cooperative Intersection Collision Avoidance System)* und CAMP *(Crash Avoidance Metrics Partnership)*, die sich jedoch an einem langfristigeren Einführungsszenario als VIIC orientieren. Darüber hinaus wird für eine Realisierung von CICAS und CAMP zuerst eine erfolgreiche Markteinführung von VIIC vorausgesetzt, die unterstützend wirken soll. (vgl. Krishnan 2007, S. 2 f)

3.3.2 Japan

Noch weiter als die USA präsentieren sich die Japaner: Bereits 1997 startete dort die *AHSRA (Advanced Cruise Assist Highway Systems Research Association)* ein Projekt mit dem Ziel, ein System zu entwickeln, das eine funktionierende Kommunikation zwischen Fahrzeugen und der Infrastruktur möglich macht. Aktuell wird im Rahmen der Smartway-Initiative an einer Zusammenführung zweier unterschiedlicher Systeme gearbeitet: Das bereits seit 1996 bestehende und ständig weiter entwickelte Verkehrsinformationssystem VICS *(Vehicle Infrastructure Communication* System) und das 1999 in Betrieb gegangene Mauterfassungssystem ETCS *(Electronic Toll Collection System)* werden in ein einziges System integriert. (vgl. Mori, März/April 1999: 3, http://www.tfhrc.gov/pubrds/marapr99/japan.htm)

Grundlegende Technologie beim neuen Konvergenz-System ist ebenfalls WLAN, wobei auf einer etwas niedrigeren Frequenz als in Europa und den USA gefunkt wird, und zwar auf 5,8 statt 5,9 GHz. Damit ergibt sich bei sicherheitskritischen Anwendungen keine Kompatibilität zu den europäischen und amerikanischen Car2X-Projekten. Während ETCS schon bisher auf der von der japanischen Regulierungsbehörde zugewiesenen Frequenz von 5,8 GHz funkte, muss VICS von 2,5 GHz erst dorthin angehoben werden. (vgl. Hara/Koch 2007, S. 23)

Hierbei liegt die technische Problematik bei der Verschmelzung zweier unterschiedlicher Systeme. Sie ist aber nicht die einzige: Denn 5,8 GHz heißt auch, dass Automobilhersteller aus Europa und Amerika ihre für den japanischen Markt bestimmten Fahrzeuge auf diese um 0,1 GHz niedrigere Frequenz anpassen müssen, sofern sie in Zukunft nicht einen gravierenden Wettbewerbsnachteil in punkto Sicherheits- und Komfortdienste riskieren wollen. Umgekehrt werden aber auch die Japaner, die bei weitem mehr Autos exportieren als importieren und damit jedes Jahr aufs Neue einen kräftigen Handelsbilanzüberschuss erwirtschaften, ähnliche Adaptierungen für den europäischen Markt vornehmen müssen.

Von den *45 Mio.* in Japan zugelassenen Fahrzeugen sind bereits *8,6 Mio.* mit On-Board-Units ausgestattet. Das ergibt eine technische Durchdringung von knapp über *19 %,* was ein sehr hoher Wert ist. Fast jeder fünfte japanische Autofahrer hat also die theoretische Möglichkeit, auf die bereits heute in Japan zur Verfügung stehenden Verkehrsinformations- und Mauterhebungsdienste zurückzugreifen. Wirklich nutzen tut dies aber nur die Hälfte, also grob jeder zehnte Japaner mit Auto. Trotzdem: Die hohe Ausstattungsrate bei Fahrzeugen sowie die bereits aufgebaute Infrastruktur begünstigten eine Markteinführung von Car2X in Japan. (vgl. Makino 2006, S. 10)

Nach einem im Jahr 2008 vorgesehenen Feldtest sollen schon mit Beginn des darauf folgenden Jahres sicherheitskritische Dienste, wie Verkehrssicherheitsinformationen oder Warnung vor Hindernissen, eingeführt werden. Einige Monate später, nämlich Ende 2009, ist die Einführung kommerzieller Dienste von staatlicher Seite geplant, wie Verkehrsinformationen und Bezahlfunktionen fürs Parken. Die japanische Regierung hat ausdrücklich zugesagt, auch privaten Unternehmen den Zugang zum Car2X-Markt mit eigenen Diensten zu gewähren, um eine nicht förderliche Monopolstellung der Automobilhersteller oder des Staats zu vermeiden, sondern ein hohes Maß an Transparenz und Wettbewerb zu gewährleisten. Nichtsdestotrotz ist der Start von kommerziellen Diensten privater Firmen bis dato noch unklar. Frühestens wird es Bezahlfunktionen bei Tankstellen oder Parkhäusern sowie Mediencontent über Car2X 2010 geben. (vgl. Hara/Koch 2007, S. 6 f)

3.3.3 Schlussfolgerungen

Auffallend ist, dass in Sachen Car2X sowohl die Japaner als auch die Amerikaner Europa einige Schritte voraus sind:

- *In Japan und den USA haben die jeweiligen Regulierungsbehörden bereits geschützte Funkfrequenzen für Car2X (5,8 bzw. 5,9 GHz) zugewiesen.*
- *Die Infrastruktur an den Straßenrändern, sogenannte Road-Side-Units, sind in Japan großteils bereits vorhanden bzw. werden in den USA im großen Stil bis 2011 errichtet – vorausgesetzt, das oben angesprochene Commitment wird 2008 beschlossen.*
- *Nahezu jedes fünfte japanische Auto ist bereits mit einer On-Board-Unit ausgestattet, die drahtlose Funkverbindungen über WLAN ermöglicht.*
- *Die Markteinführung von Car2X-Diensten ist in Japan bereits jetzt fix für 2009 eingeplant. In den USA wird nach dem Beschluss des Commitments mit 2012 mit dem Start von Car2X gerechnet.*

Daraus ergibt sich für Europa natürlich Nachholbedarf, wobei man das amerikanische oder japanische Modell nicht eins zu eins auf den alten Kontinent übertragen kann, sondern auf die spezifischen Anforderungen Europas eingegangen werden muss. Trotzdem kann Europa von den Vorreitern in Fernost und Übersee etwas lernen. Besonders spannend ist das japanische Modell: Dort nimmt man bereits bestehende Kommunikationssysteme *(ETCS, VICS)*, die für andere Zwecke errichtet wurden – *in diesem Fall Mauterhebung und Verkehrsinformation* – und erweitert sie. Daraus entstehen Synergien, die eine Markteinführung von Car2X wesentlich erleichtern und sie beschleunigen.

Die Konkurrenzanalyse zeigt also auf, dass ein Trend zu einer stärkeren Nutzbarmachung bereits vorhandener Systeme mitsamt seiner Infrastruktur besteht. Doch ob die Zusammenführung verschiedener Systeme wirklich erfolgreich sein wird, muss Japan erst in den nächsten Jahren unter Beweis stellen. Europa kann sich davon aber inspirieren lassen, ähnliche Lösungen für sich in Erwägung zu ziehen, ohne dabei die spezifischen europäischen Rahmenbedingungen aus den Augen zu verlieren. Das nächste Kapitel widmet sich den Stakeholdern, um auszuloten, mit welchen Car2X-Interessenten eine strategische

Partnerschaft sinnvoll erscheint, um das Ziel *"Markteinführung von Car2X"* zu erreichen.

3.4 Identifikation der Stakeholder

Nachdem nun die Konkurrenzsituation bei Car2X analysiert und damit ein Blick über die Grenzen Europas geworfen wurde, beleuchten die folgenden Kapitel die verschiedenen Interessensgruppen auf europäischer Ebene:

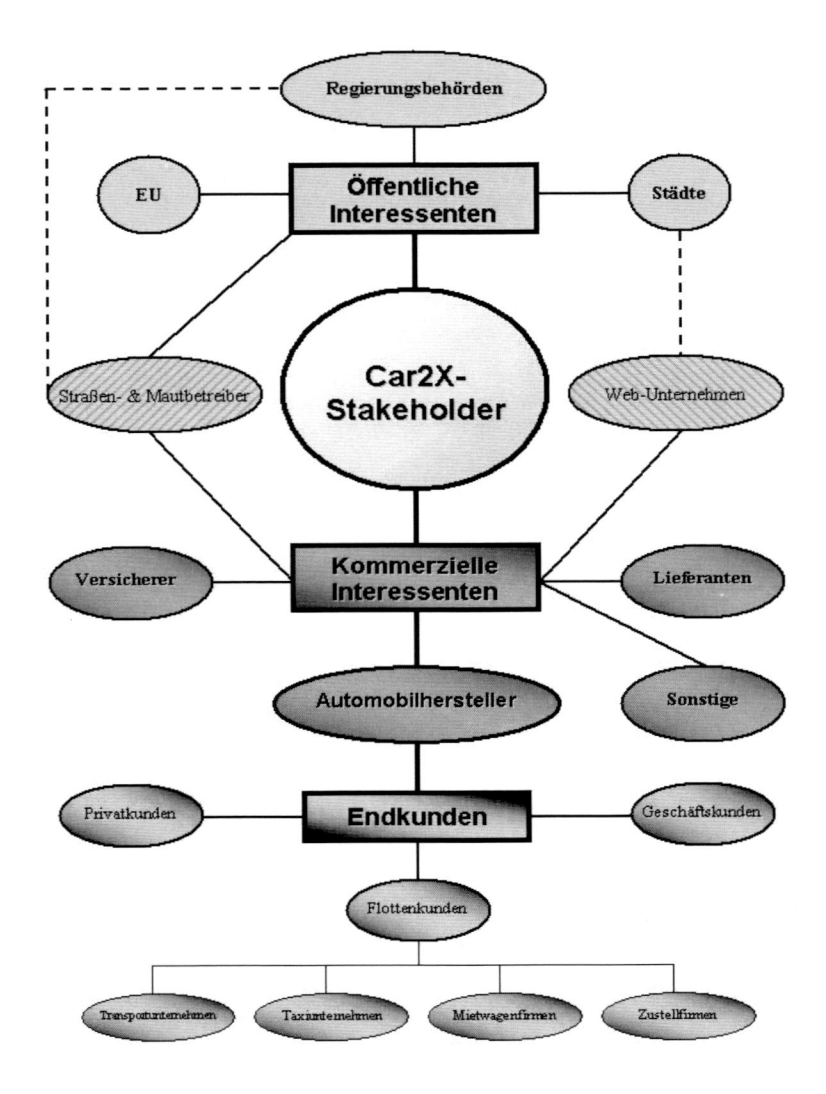

Abbildung 9: *Öffentliche und kommerzielle Car2X-Stakeholder (Basis: Matheus/Morich/Lübke 2004, S. 8 ff)*

Der Terminus **Stakeholder**[5] bezeichnet Gruppen oder Personen, die durch Ziele und Entscheidungen eines Unternehmens bzw. Projektes betroffen sind oder diese selbst beeinflussen können (vgl. Freeman 1984, S. 251). Für Car2X ist es wichtig, die relevanten Stakeholder frühzeitig zu identifizieren. Deshalb wird nachfolgend systematisch aufgezeigt, welche Gruppen welches Interesse bei Car2X verfolgen und wo sie profitieren können.

Die folgende Grafik versucht die wichtigsten Stakeholder bei Car2X darzustellen, kann aber aufgrund der Vielzahl an möglichen Partnern bei weitem nicht alle erschöpfend behandeln. Sie ist unterteilt in öffentliche und kommerzielle Interessenten. Die EU, Regierungsbehörden und Städte bzw. Gemeinden haben ein öffentliches Interesse an Car2X. Dem gegenüber stehen Automobilhersteller mit ihren Endkunden, die Teilelieferanten sowie Versicherer und sonstige Dienstleister, die kommerzielle Ziele mit Car2X verfolgen.

Zwischen den beiden großen Interessensgruppen ordnen sich Straßen- und Mautbetreiber sowie Web-Unternehmen ein. Diese beiden Stakeholder haben in erster Linie Gewinnmaximierung als Ziel. Gleichzeitig leisten sie aber durch ihre öffentlichen Auftraggeber Regierung und Städte auch einen Beitrag, der schlussendlich dem Allgemeinwohl dient.

3.4.1 Öffentliche Interessenten

Schon in der Einleitung wurden im Kapitel Ausgangssituation die volkswirtschaftlichen Schäden durch Verkehrsunfälle und –ineffizienz aufgezeigt. Daraus ergibt sich ein erhebliches öffentliches Interesse, Projekte von öffentlicher Hand zu fördern, die zu einer Minimierung des Schadenspotenzials führen.

---

[5] engl. *Stakeholder* = Interessengruppe

3.4.1.1 Europäische Union

Als wichtigster und zugleich größter öffentlicher Car2X-Interessent an präsentiert sich die *Europäische Union* (EU): Die *Europäische Kommission* verabschiedete bereits Anfang 2000 die Initiative *i2010*. Sie beinhaltet unter anderem die Vorreiterinitiative *"Sicherer und sauberer Verkehr"*, die die Basis für alle Aktivitäten im Car2X-Umfeld in Europa bildet. Das in Lissabon beschlossene und deshalb nach der portugiesischen Hauptstadt benannte Ziel, die Verkehrstoten in der EU bis 2010 um die Hälfte zu senken, kann gelingen: Zwar verringerten sich die Zahl der tödlichen Unfälle zur Halbzeit (also Zeitraum 2000 bis 2005) nur von 50.000 auf 41.600 um 8.400 Tote. (vgl. Jääskeläinen 2007, S. 5)

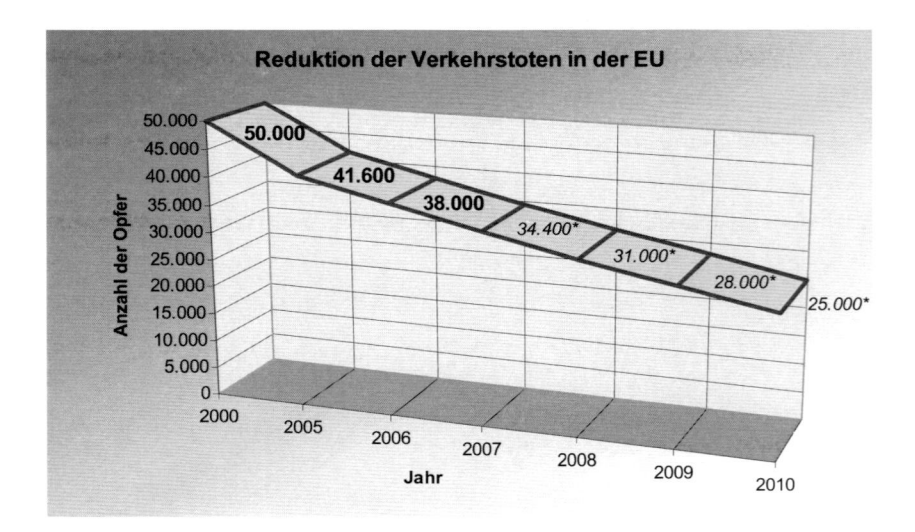

Abbildung 10: Notwendiger *Weg, um das Lissabon-Ziel zu erreichen (Basis: Jääskeläinen 2007, S. 5; Zahlen von 2007 bis 2010 stellen Schätzungen dar*)*

Doch wie das Diagramm oben zeigt, kam vergangenes Jahr die Wende: 2006 schrumpfte die Zahl an Verkehrstoten in der EU auf 38.000 – ein Rückgang von 3.600 innerhalb von nur einem Jahr. Verantwortlich dafür sind unter anderem aktive Sicherheitssysteme wie ABS oder ASR (vgl. Jääskeläinen 2007, S. 5). Setzt sich der Trend eines jährlichen Rückgangs von ca. 3.000 tödlich verunglückten Unfallopfern konstant fort, dann kann das ursprünglich ehrgeizige Lissabon-Ziel Realität werden, im Jahr 2010 nur noch 25.000 Verkehrstote zu zählen[6].

Einen großen Beitrag zur Halbierung der Verkehrstoten innerhalb von zehn Jahren leistet ESP: Allein dieses aktive Sicherheitssystem hat laut einer volkswirtschaftlichen Analyse der Universität Köln das theoretische Potenzial, pro Jahr 4.000 Europäern im Straßenverkehr das Leben zu retten. Grund genug für die EU zu fordern, dass alle Neuwagen künftig mit dem in Europa von Bosch erfundenen ESP serienmäßig ausgestattet werden. (vgl. Kraus, 8. 5. 2007: 4, EU-Kommission, FIA und Euro NCAP empfehlen: Kein Auto ohne ESP!, http://cities.eurip.com/modul/news/news/39992.html)

Anders als in den USA, wo bereits eine Gesetzesregelung eingebracht wurde, setzt die EU zurzeit noch auf die freiwillige Selbstverpflichtung der europäischen Automobilhersteller, ESP einzubauen. Sieht man sich jedoch den Werdegang des Sicherheitsgurtes – *eine passive Sicherheitsvorrichtung* – an, so lässt sich daraus absehen, dass Gesetzgeber zuerst dauerhaft von den Vorteilen einer neuen Technologie überzeugt werden müssen, bevor reguliert wird: Erst seit den 70er-Jahren gilt die Angurtpflicht, obwohl die ersten Sicherheitsgurte bereits 1903 von Louis Renault erfunden wurden (vgl. Mäurer, 1. Jänner 2006: 5, 1. Januar 1976: Einführung der Gurtpflicht, http://www.mdr.de/mdr-info/2343753.html).

Nichtsdestotrotz hat die EU das Potenzial von aktiven Sicherheitssystemen, zu denen auch Car2X-Anwendungen zählen, längst erkannt: Von 2003 bis 2006 war die eSafety-Initiative die wichtigste EU-Aktivität in Sachen Car2X, die das Ziel hatte, die Zahl der Verkehrsunfälle mithilfe neuer Informations- und Kommunikationstechnologien drastisch zu senken. Theoretisches Einsparungspotenzial durch Car2X beziffert die EU mit **200 bis 1.000 Euro** pro Haushalt oder **60 Milliarden Euro** für ganz Europa pro Jahr – dank geringerem Energieverbrauch und weniger Unfallkosten (vgl. Jääskeläinen 2007, S. 6). Um diese

---

[6] Ausgangsbasis des Lissabon-Ziels waren die 15 „alten" EU-Staaten. Um Verzerrungen zu vermeiden beziehen sich auch die in *Abbildung 10* dargestellten Schätzungen auf die EU-15 ohne die zwölf neuen Mitglieder aus Mittel-, Süd- und Osteuropa.

Zielsetzung zu erreichen, unterstützt die EU zahlreiche Förderprojekte mit erheblichen öffentlichen Mitteln, die mehr als die Hälfte des gesamten Projektvolumens umfassen. Hier ein kurzer Überblick über vier solche Projekte:

Projekt	EU-Mittel in Mio. €	Gesamtmittel in Mio. €	%-Anteil der EU	Start	Laufzeit in Jahre	Partner
GST	11	21,5	51	2004	3	49
CVIS	22	41	54	2006	4	75
Safespot	20,5	38	54	2006	4	50
COOPERS	9,8	16,8	58	2006	4	38
Insgesamt	**63,3**	**117,3**	**54**	-	-	-

Tabelle 1: *EU-Projekte zu Car2X (Basis: Jääskeläinen 2007, S. 14 ff)*

GST steht für *"Global System Telematics"* und endete am 31. März 2007 nach dreijähriger Laufzeit. Als Endergebnis wurde in Brüssel die offene und standardisierte Architektur für automobile Kommunikationsdienste präsentiert. Sie erlaubt Automobilproduzenten, öffentlichen Einrichtungen und zertifizierten Unternehmen, eigene Car2X-Dienste anzubieten. Dadurch können Autofahrer jene Dienste in Anspruch zu nehmen, die am besten zu ihren Bedürfnissen passen. Die Ergebnisse fließen in die neue Generation der europäischen Car2X-Förderprojekte ein, die unter der Initiative *"Intelligentes Fahrzeug"* unter einem Dach vereint sind. (vgl. Jääskeläinen 2007, S. 16)

CVIS bedeutet *"Cooperative Vehicle Infrastructure System"* und steht für die Entwicklung einer europäischen Technologieplattform, die drahtlose Kommunikation zwischen Fahrzeugen und Infrastruktur sowie die Einführung von kooperativen Anwendungen in Fahrzeugen und Straßeninfrastrukturzentren ermöglicht (vgl. Weiss 2007, S. 23 f).

Safespot soll durch kooperative Systeme, welche auf Umfeldsensoren und Car2X-Kommunikation basieren, den Sicherheitsgewinn im Bereich von Millisekunden vor einem Unfall erhöhen (vgl. Weiss 2007, S. 24).

Und unter **COOPERS** ist *"Cooperative Systems for Intelligent Road Safety"* zu verstehen. Ziel des Projektes ist ein System aufzubauen, das Autofahrer mit sicherheitsrelevanten Informationen über Verkehrslage und Infrastruktur versorgt. Zu den geplanten zwölf Diensten gehören u. a. die Übertragung von Wechselverkehrszeichen in einzelne Automobile, lokale Stauwarnungen mit Videobildern und Kurzzeit-Reiseprognosen. (vgl. Weiss 2007, S. 24)

Die Entwicklung und Forschung an Technologien alleine ist jedoch zu wenig, denn diese müssen auch in der Praxis erprobt werden. Hierfür ist im Rahmen der Initiative *"Intelligentes Fahrzeug"* ein europäischer Feldtest (FOT, *"Field Operational Test"*) geplant, der Ende 2008 oder Anfang 2009 starten soll. Diese umfassenden Maßnahmen der EU sollen eines Tages ein so genanntes *"zero-fatalities"-Szenario* bei gleichzeitiger Reduzierung von Energieverbrauch und Staus möglich machen. (vgl. Jääskeläinen 2007, S. 32)

3.4.1.2 Regierungsbehörden

Nicht nur die EU, sondern auch die deutsche Regierung zeigt besonderes Interesse am Potenzial von automobilen Kommunikationstechnologien. Sie hat darin bereits **70 Mio. Euro** investiert (vgl. Rotter, 25. Mai 2007: 6, http://www.kompetenznetze.de/navi/de/Innovationsregionen/frankfurt-rhein-main,did=164700.html), wobei allein bis 2009 weitere **770 Mio. Euro** vorgesehen sind (vgl. o.V. 2007d, S. 9).

Das wichtigste rein nationale Car2X-Projekt innerhalb Europas ist das deutsche Förderprojekt NoW, dessen Abkürzung für *"Network on Wheels"* steht. Seit Mitte 2004 wird in enger Abstimmung mit dem im *Grundlagenkapitel 2.3.1* vorgestellten C2C-CC an technischen Lösungen hinsichtlich Kommunikationsprotokollen und Datensicherheit bei Car2X-Kommunikation gearbeitet. Weitere bedeutende Förderprojekte sind *AKTIV* und *Invent*. (vgl. Weiss 2007, S. 26)

Die aus *NoW* resultierenden Ergebnisse sollen gemeinsam mit jenen der Forschungsprojekte *CVIS* und *GST* in den nationalen Feldtest *SIM TD* einfließen, der damit sofort von einer breiten Basis starten kann. *SIM TD* steht für *"Sichere Intelligente Mobilität Testfeld Deutschland"* und gibt damit bereits im Titel Aufschluss über das Projektziel, nämlich Mobilität in Zukunft sicherer und intelligenter zu machen. Dabei unterscheidet sich der Feldtest jedoch deutlich von den übrigen Projekten: *SIM TD* erprobt beginnend mit 2008 vier Jahre lang das gesamte Anwendungsspektrum von Car2X und nicht nur einzelne Anwendungsbereiche wie bisherige Initiativen. (vgl. Weiss 2007, S. 8 ff)

Zwar ist in Europa noch kein Commitment wie in den USA in Aussicht *(siehe Kapitel 3.3.1)*. Doch haben sich sechs Automobilhersteller, drei Infrastrukturbetreiber, drei Technologie-Zulieferer *(Continental, Siemens VDO und Bosch)* zu einer strategischen Partnerschaft zusammengeschlossen, die die Markteinführung von Car2X aus einer Hand ermöglichen soll. Darüber hinaus sind drei deutsche Bundesministerien *(BMBF – Bundesministerium für Bildung und Forschung, BMWi – Bundesministerium für Wirtschaft, BMVBS – Bundesministerium für Verkehr, Bau und Stadtentwicklung)* am Feldversuch beteiligt, der in der Testregion Hessen stattfinden wird. Von dort kommen neben dem BMVBS die weiteren Infrastrukturbetreiber: Das Hessische Landesamt für Straßen- und Verkehrswesen sowie die Stadt Frankfurt am Main. Weitere Projektpartner sind die Deutsche Telekom sowie der Verband der Deutschen Automobilindustrie *(VDA)*. Eventuell soll der deutsche Feldversuch *SIM TD* auch Vorläufer der europaweiten Initiative *FOT* sein. (vgl. Weiss 2007, S. 1 ff)

3.4.1.3 Städte und Gemeinden bzw. Web-Unternehmen

Anders als EU oder Regierungsstellen verfügen Gemeinden und Städte in den meisten Fällen nicht über die finanziellen Kapazitäten, Car2X-Projekte im großen Stil zu subventionieren. Trotzdem treten sie in dieser Arbeit als Interessensgruppe für die Markteinführung von Car2X-Diensten auf. Denn schon heute existieren ganze Städte, die flächendeckend mit der zentralen Technologie von Car2X – also WLAN – durchdrungen sind. Dabei spielen auch Web-Unternehmen als Errichter und Betreiber der Infrastruktur eine wichtige Rolle.

Aktuell ist der Trend auszumachen, dass Web-Konzerne wie *EarthLink* oder Google amerikanischen Städten und Gemeinden anbieten, ihre Bürger mit Gratis-Internet zu versorgen. Das kostenlose Basispaket ist immerhin fünf Mal schneller als ISDN. Internet-Zugänge mit höheren Datenraten sind jedoch kostenpflichtig. Als einzige Gegenleistung für das Gratis-Internetangebot erwarten sich die Konzerne eine kostenlose Benützung der Straßenlaternen, die mit WLAN-Routern ausgerüstet werden. Doch viele derartige Projekte wurden bereits von den Web-Konzernen wieder zurückgezogen. So auch *EarthLink*, das bereits hohe Verluste in Höhe von **30 Mio. Dollar** einstecken musste: In fünf aufgebauten WLAN-Städten in den USA fanden sich bis dato nur 2.000 Abonnenten. Grund für diesen Misserfolg ist das Konzept, ein im großen Stil aufgebautes WLAN-Netzwerk ausschließlich fürs Surfen im Internet bereitzustellen. Wie das Negativ-Beispiel *EarthLink* aufzeigt, ist das alleinige Anbieten eines drahtlosen Internetzugangs zu wenig, damit sich die hohen Ausgaben für die Infrastruktur mittelfristig amortisieren und später Gewinne abwerfen. (vgl. Lischka, 6. Juni 2007: 7, Surfer verschmähen Stadt-WLAN's, http://www.spiegel.de/netzwelt/web/0,1518,486889,00.html)

Angesichts dieser Entwicklung könnte man meinen, dass die Zurückhaltung deutscher Web-Unternehmen und Gemeinden richtig war. Noch gibt es in Deutschland keine Stadt mit einem flächendeckenden WLAN-Netz, das in PPP-Manier *(Private-Public-Partnership)* aufgebaut wurde. Jetzt gilt es aus den Fehlern zu lernen, die in den USA begangen wurden. Konkrete Lösungen, wie stadtweite WLAN-Netze funktionieren können, legt das amerikanisches Web-Unternehmen *Tropos Networks* auf den Tisch: Es hat erkannt, dass sinnvolle Zusatzanwendungen geschaffen werden müssen, an denen Partner ein echtes Interesse haben. Nur so lassen sich schwarze Zahlen schreiben. Die am weitesten fortgeschrittenen Ideen gibt es derzeit im öffentlichen Bereich: Durch den Einsatz von flächendeckenden WLAN-Netzwerken eröffnet sich Städten und Gemeinden ein beträchtliches Einsparungspotenzial bei der öffentlichen Verwaltung und in der Telekommunikation.

Ein erfolgreiches Beispiel dafür, dass WLAN-Netze in Gemeinden weit mehr können, als das Web überall hin zu bringen, ist die 280.000 Einwohner zählende texanische Stadt Corpus Christi: 2002 entschied sie sich, *Tropos Networks* damit zu beauftragen, ein flächendeckendes WLAN-Netz aufzubauen. 2006 erfolgte der Start auf einer Fläche von knapp 30 km^2. Mittlerweile sind Dreiviertel der Stadtfläche, also mehr als 92 km^2 abgedeckt. Dadurch können die 146.000 Wasser- und Gaszähler der Stadt von einer zentralen Stelle abgelesen werden, ohne dass dafür städtische Mitarbeiter unterwegs sein müssen. Laut Angaben von Corpus Christi ergeben sich dadurch Einsparungen in der Höhe von *30 Mio. US-Dollar* innerhalb der nächsten 20 Jahre. Eine weitere Möglichkeit zur Kosteneinsparung ist die drahtlose Vernetzung von Überwachungskameras, Park- und Verkehrsleitsystemen, die eine teure städtebauliche Verlegung von Kabeln überflüssig macht. In der Endausbaustufe will *Tropos Networks* mit seinem WLAN-Netzwerk in Corpus Christi eine Fläche von 236 km^2 abdecken. (vgl. Lischka, 6. Juni 2007: 7, Surfer verschmähen Stadt-WLAN's, http://www.spiegel.de/netzwelt/web/0,1518,486889,00.html)

Die oben vorgestellte Anwendung ist jene mit dem größten ökonomischen Potenzial für Gemeinden. Lukrativer Zusatzeffekt ist die Möglichkeit zur kommerziellen oder öffentlichen Nutzung des mobilen Internetzugangs. Drei Modelle, wie der Zusatzdienst Internetzugang genutzt werden kann, befinden sich in Corpus Christi in Verwendung:

- *Kostenloser mobiler Internetzugang für Sicherheitskräfte, öffentliche Behörden und sonstige Einrichtungen, wie Schulen oder Universitäten.*
- *Kostengünstiger mobiler Internetzugang für Stadtbewohner gegen eine monatliche Gebühr.*
- *Kostenpflichtiger mobiler Internetzugang für Touristen und Geschäftsreisende auf Basis einer 24-Stunden-Gebühr.* (vgl. o.V. 2005, S. 4)

Ein anderes Beispiel für Städte, die stadtweite WLAN-Netze initiieren und daraus direkte Kosteneinsparungen erzielen, ist Philadelphia: In der 1,5 Millionen-Metropole an der amerikanischen Ostküste war der Start für ein flächendeckendes WLAN-Netz noch für dieses Jahr geplant. Nach nur dreijähriger Planungsphase und einem dreiwöchigen Testlauf steht das 215 km^2 große WLAN-Netz unmittelbar vor der Inbetriebnahme. Damit entsteht das weltweit zweitgrößte WLAN-Netz der Welt. Größtes ist das der taiwanesischen Hauptstadt

Taipeh, das theoretisch 2,6 Mio. Menschen mit mobilem Internet versorgen kann, aber zurzeit mit ähnlichen Problemen wie *EarthLink* zu kämpfen hat, also zu wenige Nutzer anzieht. Philadelphia rechnet durch den Einsatz des stadtweiten WLAN-Netzes mit Einsparungen allein bei Telekommunikationskosten von **ca. zwei Mio. US-Dollar** jährlich. Die Gesamtkosten für die Errichtung der Infrastruktur betragen zehn Mio. US-Dollar, die sich demnach nach ca. fünf Jahren amortisieren würden, sofern die geplanten Zahlen eingehalten werden können. Noch nicht eingerechnet sind die Einkünfte aus dem Angebot über mobile Internetzugänge für die Bewohner. Die Stadt rechnet bis Jahresende mit 12.000 Kunden. (vgl. o.V 2007c: 8, Philadelphia ist bereit für die WLAN-Wolke, http://derstandard.at/?url= /?id=2924555, 24. Juni 2007)

Die aufgezeigten Möglichkeiten, bei der Verwaltung einzusparen und gleichzeitig seine Mitarbeiter, Bürger und Besucher mit einem attraktiven und kostengünstigen Internetzugang zu versorgen, ist der Grund für *ca. 175 US-amerikanische Städte und Gemeinden*, dem Beispiel von Corpus Christi und Philadelphia zu folgen und ebenfalls flächendeckende, stadtweite WLAN-Netze aufzubauen (vgl. Lischka, 6. Juni 2007: 7, Surfer verschmähen Stadt-WLAN's, http://www.spiegel.de/netzwelt/web/0,1518,486889,00.html).

Betrachtet man die technologische Vorreiterrolle der USA in den vergangenen Jahrzehnten, so ist es wahrscheinlich, dass der Trend zu stadtweiten WLAN-Netzen auch in Europa einsetzt. In der Tat gibt es auf dem alten Kontinent bereits erste Städte, die flächendeckend mit WLAN ausgerüstet worden sind: Die 15.000 Bewohner der französischen Kleinstadt Blanquefort verfügen bereits seit Anfang 2007 über ein stadtweites WLAN-Netz, St. Gallen in der Schweiz folgte im März 2007 mit knapp 70.000 Einwohnern. Und innerhalb der nächsten Monate wird die andalusische Großstadt Málaga zur drittgrößten WLAN-Stadt der Welt und größten Europas aufsteigen: Bis Sommer soll es drahtloses Internet auf 80 % der Stadtfläche für die knapp 740.000 Einwohner geben. Während die Schweizer das flächendeckende WLAN-Netz in St. Gallen mit zwei Hochschulen und den ortsansässigen Stadtwerken aufbauten, nahmen sich sowohl Blanquefort als auch Málaga das spanische Web-Unternehmen FON zu Hilfe, um für die notwendige Infrastruktur zu sorgen. Das Ziel von FON ist die

Errichtung eines weltweiten WLAN-Netzes mit Millionen von Hotspots, an denen die *"Foneros"* genannten Mitglieder jederzeit und überall mit ihren WLAN-fähigen Geräten Zugang zum Internet haben. Grundgedanke des Geschäftsmodells ist, dass sich Mitglieder gegenseitig einen Teil ihrer Bandbreite zur Verfügung stellen, um flächendeckend über Internet verfügen zu können. (vgl. o.V 2007b: 8, Malaga will "Wi-Fi-Welthauptstadt" werden, http://derstandard.at/?url=/?id= 2813529, 28. März 2007)

Neben Blanquefort und Málaga sind das katalanische Lleida und Norwegens Hauptstadt Oslo erfolgreiche Beispiele für das umfangreiche Betätigungsfeld von FON, das laut eigenen Angaben mit über 150.000 WLAN-Hotspots und 400.000 Nutzern die größte WLAN-Gemeinschaft der Welt ist. Aktuell wird zwischen Hannover, Köln, München, Hamburg und Berlin gerade die erste deutsche FON-Stadt ausgewählt. Investoren bei FON sind unter anderem zwei der namhaftesten Web-Unternehmen überhaupt: Die Betreiber der Suchmaschine *Google* und der vor zwei Jahren vom Online-Auktionshaus Ebay gekaufte Internet-Telefonieanbieter *Skype*. (vgl. o.V. 2007h: 9, Die größte WiFi Community der Welt sucht nach der ersten deutschen WLAN-Stadt, http://puntolatino.eu/index.php?option=com_content&task=view&id=119&Itemid =93, 11. Juli 2007)

Das *Tropos-Modell* in den USA und das FON-Modell in Europa sind zurzeit die einzig realistischen Lösungen, um mit der WLAN-Technologie ein einigermaßen engmaschiges und vor allem refinanzierbares Funknetzwerk aufzubauen. Großes Potenzial steckt in der WLAN-Nachfolge-Technik WiMAX *(Worldwide Interoperability for Microwave Access)*, das Reichweiten zwischen 2.000 und 3.000 Meter und in Labortests sogar 50 Kilometer bei einer doppelt so hohen Bandbreite als das herkömmliche WLAN zulässt (vgl. Adler 2006, S. 18).

Breitbandige WiMAX-Netze, die wie heutige Mobilfunknetze Abdeckungsraten gegen 100 % erzielen, sind nicht mehr länger im Bereich der technischen Unmöglichkeit. Ein solches flächendeckendes Kommunikationsnetzwerk mit doppelt so hohen Datenübertragungsraten von bis zu 108 Mbit/s und Reichweiten von mehreren Kilometern eröffnet der kommerziellen Markteinführung von Car2X-Diensten beträchtliche Zukunftschancen.

Dass der Aufbau solcher Netze nicht zum Kernbereich von Automobilherstellern gehört, versteht sich von selbst. Deshalb erscheint es sinnvoll, Partner zu suchen, die ähnliche Geschäftsinteressen haben und bereit sind, solche Netze aufzubauen und zu erhalten. Wie die Beispiele oben gezeigt haben, existieren mögliche Partner bereits. Die Chance für einen Automobilhersteller wie Audi liegt darin, noch vor seinen Mitbewerbern Kooperationen abzuschließen, die die Markteinführung von Car2X begünstigen, und sich damit einen Wettbewerbsvorteil zu verschaffen.

3.4.2 Kommerzielle Interessenten

Wie im *Grundlagen-Kapitel 2.3.3* angedeutet, eröffnet Car2X ein beträchtliches ökonomisches Potenzial für private Unternehmen. In den folgenden Kapiteln erfolgt deshalb eine Darstellung der wichtigsten kommerziellen Stakeholder von Car2X.

3.4.2.1 Automobilhersteller

Automobilhersteller können von Car2X in vielfältiger Form profitieren und verfolgen deshalb die Verwirklichung ihrer Interessen in den zahlreichen Car2X-Projekten, sowohl in Form von Zusammenschlüssen wie dem C2C-CC als auch autonom.

Das Kerngeschäft eines jeden Automobilherstellers ist die produzierten Fahrzeuge gewinnbringend zu verkaufen. Dementsprechend muss auch Car2X so gestaltet werden, dass sich aus seinem Verkauf ein Gewinn ergibt. Auf diesem Verständnis baut die *zweite forschungsleitende Hypothese* am Beispiel von Audi auf:

> DIE AUDI AG KANN MIT DER MARKTEINFÜHRUNG VON CAR2X IHR BETRIEBSERGEBNIS ERHÖHEN

Die Forschungshypothese wird im *Kapitel 5.1* aufgelöst. Besonders wichtig sind in diesem Zusammenhang die direkten Kunden eines Automobilherstellers. Diese werden in den folgenden drei Kapiteln in *Privat-, Geschäfts-* und *Flottenkunden* unterschieden.

3.4.2.1.1 Privatkunden

In Deutschland sind ca. 85 % aller gemeldeten Kraftfahrzeuge im privaten Besitz. Um jedoch Schlüsse für eine Markteinführung von Car2X ziehen zu können, ist weniger der Gesamtbestand an privaten Kraftfahrzeugen, sondern vielmehr das Verkehrsaufkommen und die Zahl an Neuzulassungen relevant. Beide Indikatoren liefern – anders als es der hohe Anteil am Gesamtbestand erwarten lässt – ein konträres Bild: Privatfahrzeuge werden am wenigsten genutzt und legen durchschnittlich nur ca. 10.000 Kilometer pro Jahr zurück. Damit zeichnen Privatkunden für ca. zwei Drittel *(66 %)* des gesamten Verkehrskaufkommens verantwortlich. Und bei den Neuzulassungen werden ca. 43 % aller Neuwagen privat angeschafft. Das bedeutet also, dass die Mehrheit an Neuwagen *(ca. 57 %)* von Geschäfts- und Flottenkunden angemeldet wird. (vgl. Matheus/Morich/Radimirsch 2005, S. 9)

3.4.2.1.2 Geschäftskunden

Geschäftskunden sind solche, die Kraftfahrzeuge aus beruflichen Gründen fahren, jedoch nicht direkt damit Geld verdienen. Sie halten zwar nur zehn Prozent am Gesamtbestand aller Kraftfahrzeuge. Trotzdem zeichnen sie mit 45 % aller Neuwagen für mehr Neuzulassungen verantwortlich als dies Privatkunden tun. Ein Grund dafür ist, dass Unternehmen ihren Fuhrpark durchschnittlich alle drei Jahre erneuern. Auch beim Verkehrsaufkommen sind Geschäftskunden – im Vergleich zu ihrem Anteil am Gesamtbestand – überproportional vertreten: Geschäftsfahrzeuge werden zweieinhalb Mal soviel genutzt wie Privatfahrzeuge: 25.000 Kilometer legen Geschäftskunden durchschnittlich im Jahr zurück. Damit verursachen sie ein knappes Fünftel *(19 %)* des gesamten Verkehrsaufkommens, obwohl sie nur nur ein Zehntel am Gesamtbestand von Kraftfahrzeugen halten (vgl. o.V. 2006a, S. 131 ff)

3.4.2.1.3   Flottenkunden

Unter Flottenkunden sind u. a. Transportunternehmen, Taxis, Mietwagen- und Zustellfirmen zu verstehen. Sie verdienen mit dem Fahren von Kraftfahrzeugen direkt ihr Einkommen. In Deutschland sind etwa fünf Prozent aller Kraftfahrzeuge im Besitz von Flottenkunden. Trotz dieses geringen Anteils am Gesamtbestand sind sie beim Verkehrsaufkommen und bei den Neuzulassungen stark überproportional vertreten: Flottenkunden legen pro Jahr durchschnittlich 38.000 Kilometer zurück und verursachen damit ca. 15 % des gesamten Verkehrs. In punkto Neuzulassungen melden Flottenkunden immerhin zwölf Prozent aller Neuwagen an (vgl. Matheus/Morich/Lübke 2004, S. 9 f). Die folgenden zwei Abbildungen veranschaulichen die vorgestellten Daten über das *Verkehrsaufkommen* und die Zahl an *Neuzulassungen*:

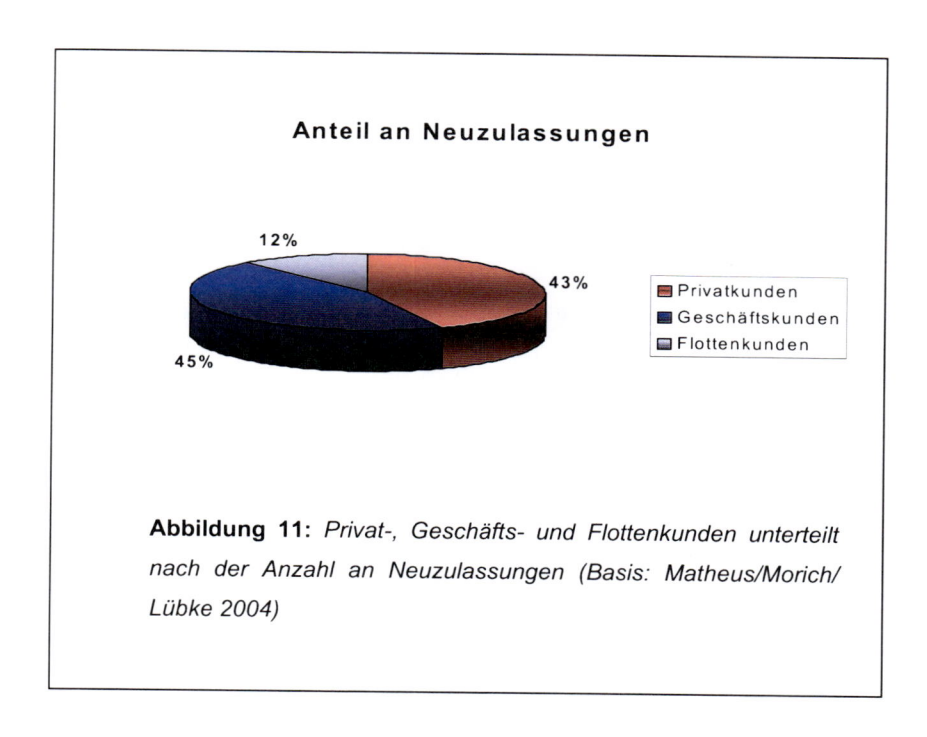

Abbildung 11: *Privat-, Geschäfts- und Flottenkunden unterteilt nach der Anzahl an Neuzulassungen (Basis: Matheus/Morich/ Lübke 2004)*

Anteil am Verkehrsaufkommen

- 15% Flottenkunden
- 19% Geschäftskunden
- 66% Privatkunden

Abbildung 12: *Privat-, Geschäfts- und Flottenkunden unterteilt nach dem Verkehrsaufkommen (Basis: DIW 2006)*

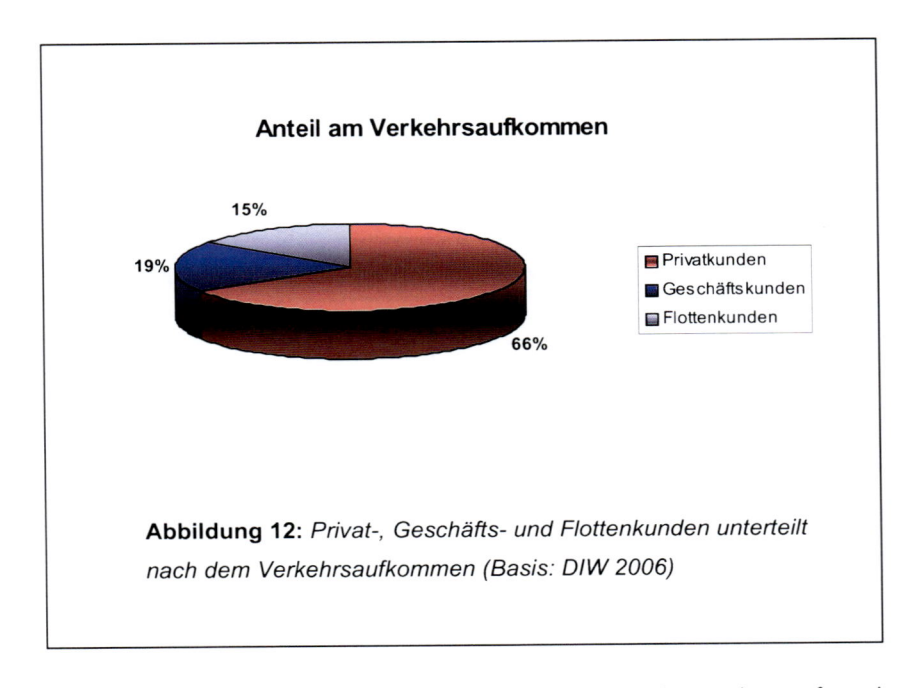

Als Schlussfolgerung dieser drei Kapiteln lässt sich herauslesen, dass aufgrund ihres überproportionalen Anteils beim Verkehrsaufkommen und bei Neuzulassungen sowohl Geschäfts- als auch Flottenkunden eine nicht zu unterschätzende Rolle bei einer Markteinführung von Car2X spielen. Anders als ihr niedriger Anteil am Gesamtbestand von Kraftfahrzeugen *(ca. 15 %)* vermuten lässt, verursachen Geschäfts- und Flottenkunden 34 % des gesamten Verkehrs und melden 57 % aller Neuwagen an. Eine Markteinführungsstrategie muss diese überproportionalen Werte berücksichtigen. Neben dem Verkehrsaufkommen und der Anzahl an Neuzulassungen ist bei allen drei Kundentypen aber auch die Akzeptanz und der Wunsch nach Car2X-Diensten für eine Markteinführung entscheidend. Aus diesem Verständnis heraus wird die dritte und letzte Forschungshypothese gebildet, die im *Kapitel 4.2.1* aufgelöst wird:

KUNDEN AKZEPTIEREN UND WÜNSCHEN CAR2X-DIENSTE

3.4.2.2 Straßen- und Mautbetreiber

Straßen- und Mautbetreiber sind, wie in *Abbildung 9* ersichtlich, in einer Grauzone angesiedelt. Zum überwiegenden Teil sind Europas Infrastrukturbetreiber noch immer verstaatlicht. Trotzdem agieren sie wie ein privatwirtschaftliches Unternehmen mit Gewinnmaximierungszielen. Das bedeutet, dass sie einerseits öffentliche Versorgungsaufgaben wahrnehmen müssen und andererseits von ihren meist staatlichen Eigentümern den Auftrag bekommen, mit kommerziellen Geschäftsmodellen Gewinne zu erwirtschaften. Aus diesem Grund sind sie in diesem Kapitel als kommerzielle Interessenten angeführt.

Stellvertretend für europäische Straßen- und Mautbetreiber mit gleichermaßen öffentlichen wie privatwirtschaftlichen Zielen wird in diesem Abschnitt die österreichische ASFINAG (*Autobahn- und Schnellstraßen-Finanzierungs-Aktiengesellschaft*) behandelt. Sie führte am 1. Jänner 2004 die LKW-Maut auf Basis von DSRC auf allen österreichischen Autobahnen und Schnellstraßen ein. Alle Fahrzeuge über 3,5 Tonnen müssen mit einer so genannten Go-Box ausgerüstet sein, die im Wesentlichen die Funktion einer simplen On-Board-Unit erfüllt und in einem weitläufigen Vertriebsnetz – u. a. bei Tankstellen – erwerbbar ist. Passiert ein mautpflichtiger LKW einen Kontrollpunkt, wird automatisch die fällige Maut abgebucht. (vgl. o.V 2007m: 10, Mautsysteme Nutzfahrzeuge Maut, http://www.asfinag.at/index.php?idtopic=195)

Das Potenzial dieses Mautsystems ist es, dass es eine Erweiterung auf ein Car2Infrastructure-System erlaubt. Bereits heute funkt DSRC auf 5,8 GHz, also auf der selben Frequenz wie das japanische System und nahe der vom C2C-CC anvisierten 5,9 GHz für Europa – allerdings nur mit einer Reichweite von wenigen Metern. Das österreichische Prinzip zur Mauterhebung kommt auch in Frankreich, Italien, Norwegen, der Schweiz und Slowenien zur Anwendung, nicht aber im größten europäischen Automarkt Deutschland, wo sich die Politik für ein LKW-Mautsystem auf Basis der Infrarot-Technologie entschieden hat, welches keine Erweiterung in Richtung Car2X möglich macht. Von einer Standardisierung ist Europa also noch weit entfernt, wobei erste Schritte in diese Richtung erkennbar sind. (vgl. Dellantonio 2005, S. 20)

Tatsächlich testet die ASFINAG seit 2006 als erster europäischer Straßenbetreiber überhaupt ein mobiles Funknetz auf Basis der WLAN-Technologie. Der Car2Infrastructure-Feldversuch auf der A2 Süd-Autobahn bei Klagenfurt soll grundlegende Erkenntnisse über die Kommunikation zwischen Fahrzeugen und der Infrastruktur bei Geschwindigkeiten von 130 km/h liefern. Beim Aufbau des WLAN-Netzes auf dem Streckenabschnitt wird eine mögliche Aufrüstung auf WiMAX berücksichtigt, das weitaus höhere Reichweiten und Bandbreiten zulässt, wie in *Kapitel 3.4.1.3* erklärt wurde. (vgl. Dirnbacher, 15. April 2006: 11, ASFINAG will Autobahnen mit mobilem WLAN intelligent machen, http://www.asfinag.at/index.php?module=Pagesetter&func=viewpub&tid=286&pid=7)

Abbildung 13: *Computer-Visualisierung eines Verkehrsleitsystems, das auf eine WLAN-Teststrecke hinweist* (Quelle: ASFINAG)

Dieser Feldversuch und das Engagement beim weiter oben vorgestellten COOPERS-Projekt deutet auf das Interesse der ASFINAG hin, an der Verwirklichung von Car2Infrastructure mitzuwirken. Für die ASFINAG haben Komfort- und Mobilitätsdienste das größte ökonomische Potenzial. Geschäftsmodelle in den Bereichen mobiles Fernsehen, mobiles Internet sowie verbesserte Navigation durch Verkehrsinformationen in Echtzeit werden bereits angedacht (vgl. Harrer 2007, S. 14)

Doch ohne einen Zusammenschluss von möglichst vielen Straßen- und Mautbetreibern in Europa, ähnlich jenem der Automobilhersteller zum C2C-CC, bleibt eine Standardisierung in Sachen Car2Infrastructure weiter unrealistisch. Ein erster Schritt hin zu einem möglichen *"Car2Infrastructure-Communication Consortium"* könnte COOPERS sein: Das EU geförderte Projekt vereint mehrere europäische Infrastrukturbetreiber wie die ASFINAG oder die italienische Autostrada unter einem Dach. Als einziger Automobilhersteller ist bis jetzt BMW bei dieser Plattform vertreten.

3.4.2.3 Teilelieferanten

Automobilhersteller stehen in einer Abhängigkeitsbeziehung mit Zulieferern, ohne die eine moderne Fahrzeugfertigung grundsätzlich nicht durchführbar ist. Deshalb wird an dieser Stelle auf die jeweiligen Teilelieferanten als Car2X-Stakeholder aufmerksam gemacht. Die Vorentwicklung, die Konstruktion und die Produktion einer WLAN-fähigen On-Board-Unit wird aller Voraussicht nach extern bei Zulieferern erfolgen. Das fertige Kommunikationsmodul wird vom Automobilhersteller eingekauft und anschließend ins Fahrzeug integriert.

3.4.2.4 Versicherer

Laut dem *Statistischen Bundesamt Deutschland* wird die Wahrscheinlichkeit, in einen Verkehrsunfall verwickelt zu sein, davon beeinflusst, wo, wie viel und wann man mit dem Auto unterwegs ist. Ein Autofahrer muss durchschnittlich 270.000 Kilometer zurücklegen, um Unfallteilnehmer zu werden. Nach 1,24 Mio. Kilometern wird man statistisch betrachtet im Straßenverkehr verletzt. Fährt man jedoch ausschließlich auf Autobahnen, nimmt die Wahrscheinlichkeit stark ab: Erst nach fünf Mio. Kilometern zieht man sich laut Statistik auf Autobahnen Verletzungen zu. Außerdem passieren in der Nacht und zu Stoßzeiten mehr Unfälle als zu jeder anderen Tageszeit. Daraus ergibt sich ein erhebliches Interesse von Versicherern, genaue Informationen über das Fahrverhalten ihrer Kunden zu gewinnen, um so Prämien genauer berechnen und risikogerechter zuweisen zu können. (vgl. Matheus/Morich/Lübke 2004, S. 16)

Als erste europäische Versicherung startete 2005 die *Norwich Union* aus Großbritannien das nutzungsabhängige Versicherungsmodell *"Pay as you drive"*: Wer unter 10.000 Kilometer pro Jahr fährt, zahlt bis zu 30 % weniger Versicherungsprämie. Wer zusätzlich viel auf Autobahnen und tagsüber unterwegs ist sowie Stoßzeiten meidet, kann noch mehr Versicherungsprämie einsparen. Die Aufzeichnung dieser Daten erfolgt durch das Zusammenwirken zweier Technologien: GPS *(Global Positioning System)* ortet die genaue Position des Fahrzeugs. Diese Positionsdaten werden über *GSM* an einen Zentralrechner der Versicherung übertragen und dort ausgewertet. (vgl. Jacquemart, 22. Oktober 2006: 12, Wie man fährt, so muss man zahlen – Was in England funktioniert, wird jetzt in der Schweiz getestet, http://www.roadcross.ch/de/alles/blackbox/millionen.php)

Ein ähnliches Modell bietet ab Herbst 2007 der österreichische Versicherer *UNIQA* an. Auch er setzt auf GPS- und GSM-Technologie, um ein nutzungsabhängiges Versicherungsmodell zu verwirklichen: Wer maximal 5.000 Kilometer pro Jahr unterwegs ist zahlt 35 % weniger Versicherungsprämie. Für Wenigfahrer, die unter 10.000 Kilometer bleiben, wird die Prämienreduktion fließend nach oben hin angepasst. Außerdem erlaubt das System Zusatzanwendungen mit Sicherheitsfunktionen, die Autofahrern für neun Euro pro Monat zur Verfügung stehen:

- *Ein "Crashsensor", der bei einem Unfall automatisch den österreichischen Autofahrerklub ÖAMTC verständigt. Dieser versucht den Kunden über sein Handy zu erreichen. Hebt er nicht ab, werden automatisch Polizei und Rettung zur georteten Unfallstelle geschickt.*
- *Eine Notfalltaste, mit der ein Autofahrer in einer Notlage den ÖAMTC alarmieren kann.*
- *Ein "Carfinder", der das gestohlene oder verloren gegangene Fahrzeug durch GPS-Ortung aufspürt.* (vgl. Hack, 22. Jänner 2007: 13, Neuer Anlauf für GPS-Autoversicherung, in: Futurezone.ORF.at, http://futurezone.orf.at/business/stories/166400/)

Auch in Deutschland testet die *Württembergische Gemeinde-Versicherung* seit Beginn dieses Jahres ein ähnliches Versicherungsmodell auf Basis von GPS und GSM, das eine Prämienreduzierung von maximal 30 % beinhalten soll (vgl. Schulz, 23. Jänner 2007: 14, Am Steuer mit Big Brother, http://jetzt.sueddeutsche.de/texte/anzeigen/357582).

Einen anderen Weg geht der Schweizer Versicherer *DBV-Winterthur*: Seit Anfang 2007 testen 300 junge Autofahrer im Kanton Zürich eine Blackbox in ihrem Fahrzeug. Anders als beim nutzungsabhängigen Versicherungsmodell von

Norwich Union, UNIQA und der Württembergischen Gemeinde-Versicherung werden hierbei keine geografischen Positionen und nicht alle erhobenen Daten übermittelt. Lediglich 20 Sekunden vor und 10 Sekunden nach einem Unfall wird die gefahrene Geschwindigkeit aufgezeichnet. Passiert ein Unfall, lässt sich dieser durch die Blackbox genauer rekonstruieren. Diese Mehrinformation ist dem Versicherungsunternehmen 20 % Prämienreduktion wert. Darüber hinaus verspricht sich die DBV-Winterthur eine präventive Wirkung durch die Existenz einer Blackbox im Auto und dadurch weniger Verkehrsunfälle. (vgl. Baumann, 16. November 2006: 15, Günstigere Prämien mit Blackbox, in: Tages-Anzeiger http://www.roadcross.ch/de/alles/bla ckbox/millionen.php)

Die vier Beispiele aus Großbritannien, Österreich, Deutschland und der Schweiz zeigen, dass Versicherer an innovativen Sicherheitssystemen interessiert sind. Diese sehen die Notwendigkeit für einen Einsatz von Car2Car und Car2Infrastructure, welcher hilft, das Risiko eines Unfalls zu senken. Ein weiteres Indiz für die neue Grundhaltung von Versicherern ist das Engagement des britischen Versicherungsverbands Thomas Miller & Co. Ltd bei CVIS *(siehe Kapitel 3.3.1.1)*, wo dieser als Projektpartner fungiert. Nichtsdestotrotz soll an dieser Stelle auch auf die zum Teil massiven Bedenken von Datenschützern aufmerksam gemacht werden, wobei die Versicherungsunternehmen durch Verschlüsselung und Codierung den Missbrauch der erhobenen Informationen laut eigenen Angaben ausschließen.

3.4.2.5 Sonstige Dienstleister

Die Vielzahl an Anwendungsmöglichkeiten bei Car2X bringt nicht nur für Versicherer, sondern auch für zahlreiche weitere Unternehmen ein breites Betätigungsfeld mit sich, welches unter Car2Enterprise zusammengefasst ist. Aufgrund der Dichte an theoretischen Kooperationspartnern beleuchtet dieses Kapitel nur drei mögliche Stakeholder von Car2X: *Banken und Kreditkartenfirmen, Tankstellen und Schnellrestaurantketten.*

Ähnlich wie man heute vom PC aus im Internet oder in einem Supermarkt durch Eingabe eines Codes bargeldlos bezahlen kann, ist es denkbar, dass Banken und Kreditkartenfirmen ihren Kunden eines Tages das Bezahlen vom Fahrzeug aus ermöglichen. Dieses sogenannte *Drive-through-Payment* erhöht das Komfortgefühl des Kunden, indem er zB bei Bedienungstankstellen nicht mehr aussteigen muss, sondern bequem vom Auto aus über den WLAN-Hotspot der Tankstelle bezahlen kann. Dadurch nimmt der Tankstopp insgesamt weniger Zeit in Anspruch. Wie bereits in der Einleitung angedeutet, ist das aber bei weitem nicht das einzige Anwendungsbeispiel für Tankstellen: Sie erhalten durch Car2Enterprise einen zusätzlichen Vertriebskanal für neue, digitale Produkte, die während des Tankens direkt ins Auto übertragen werden: Videoclips, mp3-Musik, Computerspiele oder digitale Straßenkarten erweitern das Produktsortiment von Tankstellen auf innovative Weise. Zahlreiche weitere solche digitalen Produkte sind denkbar[7].

Eine andere mögliche Car2Enterprise-Anwendung ist die POI[8]-Benachrichtigung. Sie gibt lokalen Unternehmen, Touristeninformationen, Museen, Kinos und sonstigen Sehenswürdigkeiten die Möglichkeit, vorbeifahrende Fahrzeuge und ihre Insassen auf das spezifische Angebot in ihrer Nähe aufmerksam zu machen. Bei Tankstellen könnte das Anwendungsszenario so aussehen: Ist der Tank leer, erhält der Fahrer automatisch eine Übersicht auf seinem Bord-Computer: Alle Tankstellen in der unmittelbaren Gegend werden dargestellt und die aktuellen Spritpreise verglichen. Damit profitiert der Kunde von hochaktuellen Informationen, die ihm kostenlos zur Verfügung gestellt werden. Für Tankstellen liegt der Vorteil dieser Bewerbung in der höheren Effektivität: Es ist wahrscheinlicher, dass ein Autofahrer aufgrund eines gerade aufgetretenen Spritbedarfs bei der nächstgelegenen Tankstelle halt macht, als wenn er von ihnen nur durch das Radio oder durch das Internet erfahren würde. Damit ergibt sich gleichermaßen viel Potenzial für einzelne Werbefirmen, die ihre Maßnahmen jedoch unaufdringlich und zweckdienlich gestalten müssen, um den Autofahrer weder abzulenken, noch zu verärgern.

Doch Car2X kann nicht nur die Verbreitung physischer und digitaler Produkte begünstigen, sondern neben Bezahlvorgängen noch weitere Dienstleistungen

---

[7] Zwei Demonstrationen zu innovativen Zapf- und Bezahlsystemen fanden hierzu am 20. September und am 8. Oktober 2007 in Mönchengladbach und Ingolstadt im Rahmen eines Car2-Enterprise-Projektes zwischen der Vorentwicklung von Audi *(AEV-3)* und der *Scheidt & Bachmann GmbH* statt.
[8] Point of Interest

unterstützen: Schon heute verfügen zahlreiche kommerzielle Einrichtungen, wie Hotel- oder Schnellrestaurantketten über WLAN-Hotspots, die ihren Kunden kostenloses Surfen im Internet ermöglichen. Denkbar ist demnach die Mitnutzung dieser vorhandenen Infrastruktur für nicht sicherheitskritische Car2X-Dienste. Im Gegenzug dürfen zB Schnellrestaurants wiederum die Infrastruktur für ihre kommerziellen Ziele mitnutzen: Folgendes Anwendungsszenario, das jedoch bereits eine hohe technische Durchdringung voraussetzt, ist denkbar: Ein Autofahrer, dessen Fahrzeug mit einem On-Board-Modul ausgerüstet ist, sucht nach einem Schnellrestaurant. Über den Bord-Computer findet er eines, das einen *Drive-through* anbietet, aber mehrere Kilometer entfernt ist. Noch während der vom Navigationsgerät berechneten Fahrt dorthin, kann der Autofahrer vom Bord-Computer aus anhand einer virtuellen Speisekarte die unterschiedlichen Gerichte auswählen und den Bestellvorgang über WLAN zum Schnellrestaurant übermitteln. Auch die Bezahlung wird wie oben erklärt über *Drive-through-Payment* vom Auto aus, gegebenenfalls mit Eingabe eines Codes, abgewickelt, lange bevor sich der Fahrer dem Restaurant genähert hat.

Dadurch ergibt sich für den Autofahrer ein gesteigertes Komfortgefühl und für den Dienstleister eine nachhaltige Prozessoptimierung: Warteschlangen an Drive-through-Schaltern von Schnellrestaurants entfallen, weil sowohl die Bestellung als auch die Bezahlung bereits von der Ferne abgewickelt werden. Der Fahrer muss nur noch einmal kurz halten und kann die georderten Gerichte gleich mitnehmen. Durch den geringeren Zeitaufwand pro Bestellung erhöhen sich auch die Umschlagskapazitäten von Schnellrestaurants.

Oft wird in den Raum gestellt, dass Zeit bereits wichtiger als Geld ist. Gerade der unmittelbare Zeitgewinn könnte also zur Akzeptanz und positiven Aufnahme dieser Anwendungen führen, die sich jedoch für einen Automobilhersteller nur in Kooperation mit privaten Unternehmen verwirklichen lassen.

Zum Abschluss des Theorieteils werden nochmals alle drei *forschungsleitenden Hypothesen* gesammelt dargestellt, die im *dritten Kapitel* gebildet wurden. Sie weisen den Weg zum praktischen Teil dieser Studie, wo die Forschungshypothesen verifiziert bzw. falsifiziert werden.

Die Markteinführung von Car2X ist nur mit ausreichender Verbreitung von Kommunikationsmodulen möglich

Die AUDI AG kann mit der Markteinführung von Car2X ihr Betriebsergebnis erhöhen

Kunden akzeptieren und wünschen Car2X-Dienste

4 Markteinführung von Car2X

4.1 Methodik

Im Rahmen der empirischen Sozialforschung stehen eine Fülle von wissenschaftlichen Untersuchungsmethoden zur Verfügung. Grundlegend ist die Unterscheidung quantitativer und qualitativer Methoden. Quantitative Methoden zeichnen sich dadurch aus, breit verteiltes Wissen von einer Vielzahl von Personen mit standardisierten Fragetechniken zu erheben. Diese Methode lässt repräsentative Aussagen über eine Grundgesamtheit zu, zB über die Bevölkerung eines bestimmten Staates. Im Gegensatz dazu erfassen qualitative Methoden wie offene Interviews ein nur auf wenige Personen konzentriertes Expertenwissen, welches aufgrund seiner Komplexität durch quantitative Methoden nur unzureichend oder gar nicht erfassbar wäre. (vgl. Diekmann 2007, S. 24 ff)

4.1.1 Auswahl der Methodik

Wie im *Kapitel 3.2* ausführlich dargestellt wurde, handelt es sich bei der Markteinführung von Car2X um eine Problemstellung, die mit bisherigen Strategien nicht gelöst werden kann. Zusätzlich gibt es aufgrund der komplexen technologischen Beschaffenheit von Car2X in Sachen ökonomischer Aspekte und Markeinführungsszenarien wenig Fachliteratur. Hier liegt jedoch auch die Herausforderung des Themas: Immer dann, wenn bewährte Strategien nicht mehr angewendet werden können und wenig Literatur zu einem bestimmten Wissensgebiet existiert, bieten sich qualitative Forschungsmethoden als empirische Methodenwahl an. Sie helfen, neues Wissen zu generieren, dieses wissenschaftlich zu dokumentieren und praktische Schlüsse daraus zu ziehen. Aus diesem Grund wurde die qualitative Forschungsmethode *"leitfadenorientiertes Experteninterview"* gewählt.

4.1.2 Auswahl der Experten

Weil Car2X eine Zukunftstechnologie ist, können also quantitative Methoden wie Internet- oder schriftliche Befragungen nur unzureichend über die spezifische Problemstellung einer Markteinführung Auskunft geben. Zum einen, weil Car2X noch gar nicht eingesetzt wird. Zum anderen, weil die Materie *„automobile Kommunikationstechnologien"* überhaupt nur einem Bruchteil der Bevölkerung bekannt ist, was eine breite Befragung weiter erschwert. Nichtsdestotrotz gibt es einige wenige Experten, die sich intensiv mit Car2X auseinandersetzen und dazu forschen. Die Auswahl der potenziellen Interviewpartner erfolgte nach folgenden Gesichtspunkten:

- *Wer verfügt über relevante Informationen?*
- *Wer ist bereit und überhaupt in der Lage, präzise Informationen zu geben?*
- *Wer von den Informanten ist verfügbar?*

Sowohl DR. GUIDO BEIER von der *Humboldt Universität Berlin* als auch DR. KIRSTEN MATHEUS von *CARMEQ*, Tochter der Volkswagen-Konzernforschung, verfügen über relevante Informationen zum Thema, sind bereit und in der Lage, diese präzise weiterzugeben und sind auch zeitlich verfügbar. Nach KANWISCHER definiert sich *"Expertenwissen .. [als] Wissen, welches eine Person (a) zu einem bestimmten Sachverhalt oder (b) als Beteiligter an einem bestimmten Prozess oder Ereignis hat"* (Kanwischer 2002, S. 95). Aus diesem Verständnis heraus handelt es sich bei beiden Wissenschaftlern um ausgewiesene Experten, da sie sich seit Jahren mit der Zukunftstechnologie Car2X beschäftigen und ihren Forschungsprozess wissenschaftlich publizieren.

Die Frage, warum nicht mehr Experten befragt wurden, zeigt die Problematik des Themas auf: Grundsätzlich ist es sehr schwer, zu so einem innovativen Thema wie Car2X geeignete Experten zu finden. Beide Experten decken das Forschungsfeld zur Gänze ab. Aus diesem Grund erfolgte eine Beschränkung auf zwei Experten. DR. BEIER und DR. MATHEUS wurden am 26. bzw. 27. Juli 2007 in Berlin interviewt. Die zugehörigen Transkripte sind im *Anhang* dokumentiert und werden in weiterer Folge thematisch aufgearbeitet.

4.2 Voraussetzungen für die Markteinführung von Car2X

Damit die Markteinführung von Car2X gelingen kann, muss zuerst die notwendige Akzeptanz beim Kunden und die für ein verlässliches Funktionieren erforderliche Verbreitung am Markt eruiert werden. Die *technische Marktdurchdringung* sowie die *Akzeptanz bei Kunden und ihr Wunsch nach Car2X-Diensten* als wichtigste Voraussetzungen für eine Markteinführung werden deshalb in den nächsten zwei Kapiteln ausführlich diskutiert.

4.2.1 Kundenakzeptanz und –wunsch nach Car2X-Diensten

"For one thing, the rapid evolution of technology implies that automobiles can become much safer in the future. For another, driver safety will remain one of the top criteria for buying a car", so JAN DANNENBERG, Direktor *der Mercer Management Consulting* im Rahmen einer Studie über automobile Sicherheitstechnologien (Deraëd, Mai 2004: 16, Mercer Study Automotive Safety Technology, http://www.altassets.com/casefor/sectors/2005/nz6332.php).

In der Tat ist Sicherheit auch laut der EU-*Studie "Use of Intelligent Systems in Vehicles"* der wichtigste Einflussfaktor beim Autokauf: *54 %* aller Befragten bewerten **Sicherheit** als wichtigstes Kaufmotiv. Dicht dahinter folgt der **Kraftstoffverbrauch** mit *53 %* und etwas abgeschlagen der Einflussfaktor **Komfort** mit *25 %* (vgl. o.V. 2006c, S. 13). Damit überlappen sich die drei wichtigsten Kaufmotive mit den zentralen Funktionen von Car2X-Diensten: Denn Car2X besteht in erster Linie aus *Sicherheits-, Mobilitäts-*[9] *und Komfortanwendungen*, welche also deckungsgleich mit den drei wichtigsten Kaufmotiven bei neuen Autos sind. Dank der weitgehenden Überlappung von Kaufmotiven und Car2X-Funktionen ist beim Konsumenten eine erste Akzeptanzbasis also gelegt. Aber wie steht der Kunde den verschiedenen Car2X-Diensten im Detail gegenüber? Die folgende Abbildung zeigt die Ergebnisse einer Studie von DR. BEIER, bei

---

[9] Als Beispiel für eine Mobilitätsanwendung vermindert *Real time traffic flow information* Staus und Stop&Go-Wellen, was zu einer höheren Mobilität und indirekt zu weniger Benzin- bzw. Dieselverbrauch führt.

der sich 396 Teilnehmer in einer schriftlichen und in einer Online-Umfrage über ihre Einstellung zu verschiedenen Car2X-Diensten äußerten:

Car2X-Dienste nach Kundenakzeptanz (Min = 1, Max = 5)

- Intelligente Navigation: 4,2
- Gefahrenwarner: 4,1
- Ferndiagnose: 3,6
- Ampelmanagement: 3,5
- Car2Home: 3
- Community: 2,8
- Car2Enterprise: 2,6

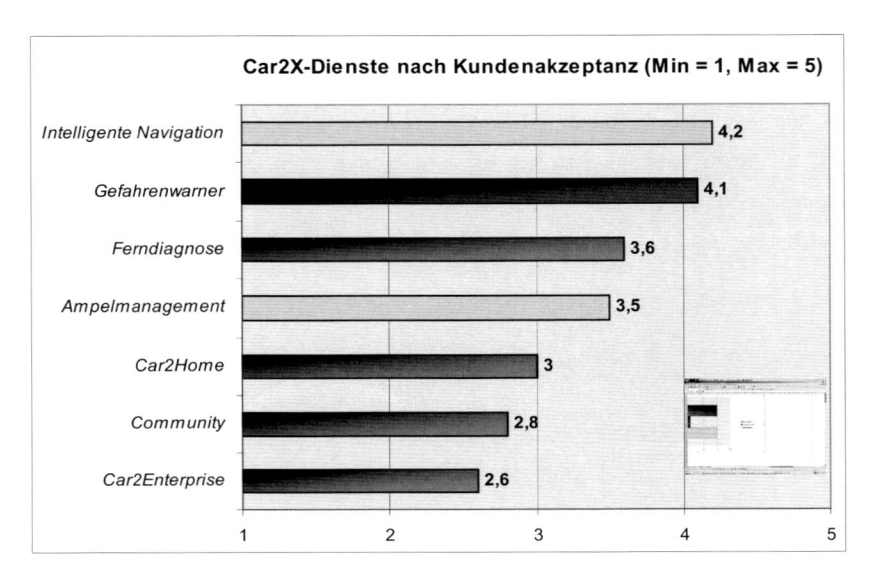

Abbildung 14: *Car2X-Dienste unterteilt in Komfort-, Sicherheits- und Mobilitätsdienste erwecken unterschiedliche Akzeptanzwerte (Quelle: Beier 2007, S. 6)*

Auf eine unter- bzw. durchschnittliche Kundenakzeptanz stoßen die drei Komfortdienste **Car2Enterprise** *(Bezahlen, Einkaufen, Bestellen)*, **Community**[10] und **Car2Home**. Mit der **Ferndiagnose** verfügt nur ein Komfortdienst über eine überdurchschnittliche Akzeptanz. Der Mittelwert aller vier Komfortdienste beträgt 3,0. Anders verhält es sich mit Mobilitätsdiensten: Zwar erreicht das **intelligente Ampelmanagement**, das gerade im Rahmen des *„Travolution"*-Projektes zwischen der AUDI AG, der Stadt Ingolstadt und zahlreichen weiteren Partnern realisiert wird, nur eine knapp überdurchschnittliche Akzeptanz *(3,5)*. Doch mit der **intelligenten Navigation** kommt der am meisten akzeptier-

---

[10] Ein Beispiel für solche Dienste ist das *soziale Navigationssystem* - Autofahrer informieren sich gegenseitig über die aktuelle Verkehrssituation - welches von DR. BEIER am 22. Mai 2007 beim Car2Car-Forum in Ingolstadt vorgestellt wurde und auf den aktuellen Trend zur Community-Bildung durch Web 2.0 eingeht.

te Car2X-Dienst aus dem Bereich Mobilität *(4,2)*. Mit nur einem Zehntel dahinter folgt bereits der Sicherheitsdienst **Gefahrenwarner *(4,1)***.

Zusammenfassend verfügen Komfortdienste lediglich über eine durchschnittliche Kundenakzeptanz. Eine Markteinführungsstrategie mit Schwerpunktlegung auf klassische Komfortdienste wie Car2Home und Car2Enterprise würde deshalb ein hohes Ablehnungsrisiko mit sich bringen. Dem gegenüber bringen die intelligente Navigation und die Gefahrenwarndienste, die im Bereich von Car2Car und Car2Infrastructure anzusiedeln sind, eine hohe Kundenakzeptanz mit sich.

"Wenn etwas abgelehnt wird, muss man darin investieren, um eine Akzeptanz herzustellen. Das ist sozusagen die reine Lehre, die man daraus ziehen kann. Zu sagen, es wird nie akzeptiert werden, das wäre falsch. ... Wenn wir .. davon reden, was wir zuerst machen, dann würde ich sagen, gehen wir den Weg des geringeren Widerstands und nehmen erstmal Systeme, die die Leute jetzt schon von sich aus brauchen. Und das sind nicht Systeme, die man mit viel Mühe in den Markt rücken muss. ... Als Automobilhersteller würde ich erstmal ... bei meinen Leisten bleiben. Alles was man beim Autofahren tun kann, darum kümmere ich mich. Aber den Rest sehe ich später." (siehe Experteninterview mit DR. BEIER vom 26. Juli 2007, Anhang S. 135), unterstreicht DR. BEIER sein Forschungsergebnis, dass fahrzeugspezifische Anwendungen – also in erster Linie Mobilitäts- und Sicherheitsdienste – für die Kunden im Vordergrund stehen. Auch DR. MATHEUS kommt im Experteninterview zum selben Schluss: *Ein Treiber [für die Markteinführung von Car2X] ist nur, was wirklich fahrzeugspezifisch ist"* (siehe Experteninterview mit DR. MATHEUS vom 27. Juli 2007, Anhang S. 174).

Aus diesem Verständnis heraus werden nun die Sicherheits- bzw. Mobilitätsklassen Car2Car und Car2Infrastructure genauer analysiert. Die nachfolgende Abbildung zeigt Ergebnisse aus der EU-*Studie "Use of Intelligent Systems in Vehicles"*. Sie gibt darüber Aufschluss, inwiefern Kunden ausgewählte Car2Car- bzw. Car2Infrastructure-Dienste als nützlich erachten und diese beim nächsten Auto gerne integriert hätten.

Nützlichkeit und Wunsch nach ausgewählten Diensten

Legende: nützlich / Anschaffungswunsch

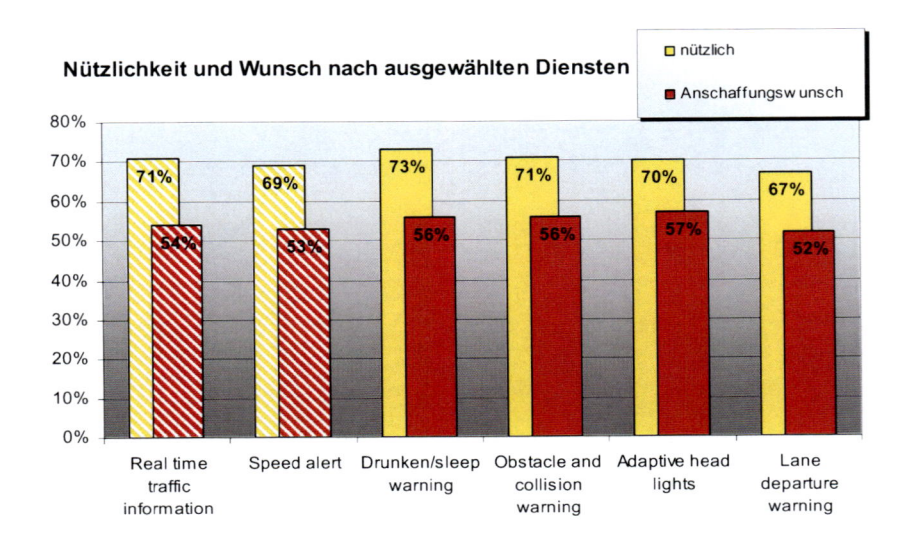

Dienst	nützlich	Anschaffungswunsch
Real time traffic information	71%	54%
Speed alert	69%	53%
Drunken/sleep warning	73%	56%
Obstacle and collision warning	71%	56%
Adaptive head lights	70%	57%
Lane departure warning	67%	52%

Abbildung 15: *Intelligente Navigation und Gefahrenwarner nach Nützlichkeit und Anschaffungswunsch (Basis: Eurobarometer 2006, S. 19)*

Das Diagramm zeigt eindrucksvoll, dass mind. zwei von drei Befragten *(zwischen 67 und 73 %)* die sechs obigen Dienste für *nützlich* erachten. Ein ähnlich einheitliches Bild liefert das Ergebnis über den *Anschaffungswunsch* solcher Dienste: Jeder zweite Befragte *(zwischen 52 und 57 %)* möchte beim nächsten Auto nicht mehr auf die intelligente Navigation und die fünf Gefahrenwarner verzichten. Die Straffierung bei *Real time traffic information* und *Speed alert*[11] soll darauf hinweisen, dass es sich bei diesen beiden Diensten um Mischformen zwischen Car2Car und Car2Infrastructure handelt. Sie tauschen sowohl Informationen mit On-Board- als auch mit Road-Side-Units aus.

Real time traffic information ist ein Mobilitätsdienst, der Verkehrsdaten empfängt, die Sensoren in anderen Automobilen und in der Straßeninfrastruktur erfassen. Der Dienst sammelt die vielfältigen Informationen und wertet sie aus, um den Fahrer mit einem exakten Bild in Echtzeit über die gegenwärtige Ver-

---

[11] Aus Gründen der Einheitlichkeit und Vergleichbarkeit mit anderen Arbeiten zum Thema werden in dieser Studie für Car2X-Dienste fortlaufend die englischen Termini verwendet.

kehrssituation zu informieren. Dies stellt einen direkten Mehrwert für den Kunden dar, der bis dato so nicht realisierbar war, da die zur Zeit in Nutzung befindlichen dynamischen Navigationssysteme mit TMC und TMCpro zwischen *20 und 50 Minuten* Informationsverzögerung aufweisen. (vgl. Matheus et al. 2005, S. 2)

Wie sehr Zeit- und Kontrollverlust zur Unzufriedenheit von Kunden beitragen, erläutert DR. BEIER: *"Der Mehrwert, den mir das System bietet, .. muss .. stimmen. Das war ziemlich faszinierend in dieser Studie, die wir gemacht haben, welche Bedeutung die Zeitökonomie hat. Das fällt ja jedem ein bei Navigation, denn wenn man im Stau steht, verliert man Zeit. Aber genau so schlimm ist der Kontrollverlust ... Das heißt, dass das Navigationssystem wirklich ganz oben stand [bei der Kundenakzeptanz]:. Diese Kombination aus Ökonomie und Kontrollverlust, ich kann mein Ziel nicht erreichen, ich bin der Situation ausgeliefert. Das ist eigentlich das Schlimmste, was man einem Menschen antun kann. Tiere im Zoo vermehren sich nicht, weil sie keine Kontrolle haben. Das ist ein ganz banaler Mechanismus. Und beraubt man einem Organismus die Kontrolle, dann will er nicht mehr. Und dann wollen auch die Kunden nicht mehr."* (siehe Experteninterview mit DR. BEIER vom 26. Juli 2007, Anhang S. 138)

Auch *Speed Alert* bietet genau wie *Real Time Traffic Information* einen direkten Mehrwert: Dieser Dienst informiert den Fahrer bei Bedarf über die aktuellen Geschwindigkeitsvorschriften. Auf Verkehrszeichen und Ampeln angebrachte Sensoren sowie digitale Straßenkarten liefern die benötigten Informationen. Der Fahrer soll durch die Anzeige von temporären Geschwindigkeitsbeschränkungen – zB bei Baustellen oder laufenden Geschwindigkeitsänderungen, welche auf deutschen Autobahnen an der Tagesordnung sind – davor geschützt werden, eine Geldstrafe zu riskieren: *"Kein Mensch weiß zu jedem Zeitpunkt, welche Geschwindigkeiten er eigentlich fahren darf. Das sind ... Sachen, die nutzen dem Kunden einfach was. Keine Strafzettel zu bekommen ist prima. Und wer schneller fahren will, kann das immer noch. Das sind Mehrwerte, die helfen den Leuten einfach beim Fahren."* (siehe Experteninterview mit DR. BEIER vom 26. Juli 2007, Anhang S. 143).

Ein nicht zu unterschätzender Faktor für die Akzeptanz von *Speed Alert* ist die Kontrolle über den Dienst: Er darf weder aufdringlich noch mit einem Kontrollverlust verbunden sein. Der Fahrer muss mit einem intelligenten Workload-Management vor zu vielen eintreffenden Meldungen bewahrt werden[12]. Und wer es besonders eilig hat und sein Ziel früher erreichen will, muss *Speed Alert* jederzeit und unkompliziert deaktivieren können. Auf Car2Car-Ebene kann *Speed Alert* aber theoretisch auch vor Rasern warnen, die weit über dem gesetzlichen Geschwindigkeitslimit unterwegs sind und damit ein potenzielles Unfallrisiko darstellen.

Aufgrund der vorgestellten Ergebnisse lässt sich zusammenfassen, dass Kunden in erster Linie Car2Car und Car2Infrastructure akzeptieren und wünschen. Sie erleichtern dem Kunden das Fahren und bringen ihm dadurch – jeweils abhängig vom Dienst – einen unterschiedlich großen Zusatznutzen. Dieser führt zu einer hohen Kundenakzeptanz: Zwei Drittel der Kunden erachten Car2Car und Car2Infrastructure-Dienste als nützlich. Mehr als die Hälfte der Kunden möchte in ihrem nächsten Automobil Car2Car- und Car2Infrastructure-Dienste integriert haben. Damit lässt sich die im *Kapitel 3.4.2.1.3* aufgestellte Hypothese, **„Kunden akzeptieren und wünschen Car2X-Dienste"**, für Car2Car und Car2Infrastructure-Dienste eindeutig verifizieren.

Anders verhält es sich mit Car2Home und Car2Enterprise, die ein gegensätzliches Bild liefern: Sie erreichen nur eine durchschnittliche bzw. unterdurchschnittliche Akzeptanz bei Kunden. Das lässt darauf schließen, dass ein Anschaffungswunsch nur bei einer verhältnismäßig kleinen Gruppe von Personen besteht. Tatsächlich wird davon ausgegangen, dass Car2Home nur bei einem Prozent aller potenziellen Kunden, die ein neues Auto kaufen, Interesse erweckt (vgl. Matheus/Morich 2005a, S. 33). Einerseits, weil in Deutschland nur ca. 52,5 % aller Autobesitzer über eine Möglichkeit verfügen, ihr Auto nahe genug am Haus bzw. an der Wohnung zu parken. Andererseits besitzt nur ein Bruchteil der Bevölkerung ein spezifisches Interesse an Autos, gepaart mit einer hohen Affinität zu Informationstechnologien, die sich zB durch das Lesen

---

[12] ANDREAS MUIGG von I/EB-G2 beschäftigt sich in seiner Promotion mit Workload-Management

der Fachzeitschriften „*Auto Bild*" und „*Computer Bild*" äußert. Ein ähnlich geringes Interesse erweckt derzeit auch noch Car2Enterprise. (vgl. Matheus/Morich 2005a, S. 63)

Car2Home und Car2Enterprise können deshalb nur auf einem Weg realisiert werden: Beide Dienste müssen als Zusatzdienste neben den eigentlichen Hauptdiensten Car2Car und Car2Infrastructure optional angeboten werden. Wenn erst einmal genügend Fahrzeuge über Car2Car und Car2Infrastructure verfügen, werden sich zahlreiche Dienstleister wie Parkhäuser oder Versicherer an Geschäftsmodellen beteiligen und die vorhandene Technologie nutzen, was zu zahlreichen Car2Home und Car2Enterprise-Diensten führt: *"Sobald das erreicht ist und .. man [die erforderliche Durchdringung] hat, wird es Trittbrettfahrer geben, die [Car2X] .. nutzen, so wie bei anderen Technologien auch* (siehe Experteninterview mit DR. MATHEUS vom 27. Juli 2007, Anhang S. 173).

Car2Personal Equipment, also die drahtlose Vernetzung zwischen dem Automobil und tragbaren Elektronikgeräten, blieb bis dato bewusst unbehandelt. Zum einen, weil sich diese Technik vor allem dank der fortschreitenden Einbindung des Handys ins Automobil bereits in Anwendung befindet – freilich bisher ausschließlich über Bluetooth. Zum anderen, weil die drahtlose Vernetzung des Automobils mit Elektronikgeräten über WLAN zumindest bei Audi schon fix eingeplant ist: Ab *Mitte 2009* kann Car2Personal Equipment über WLAN als optionales Zusatzfeature im Audi A8 gegen einen Aufpreis von **ca. 250 Euro** erworben werden (Felbermeir 2007, S. 1). Inwiefern die bereits angesprochene Durchdringung die Markteinführung von Car2X beeinflusst, darüber gibt das nächste Kapitel detailliert Aufschluss.

4.2.2 Technische Marktdurchdringung

Wie im *Kapitel 3.2* festgestellt wurde, unterliegt Car2X Netzwerkeffekten, d. h. der Nutzen, aber auch die Qualität des Dienstes wachsen mit seiner Verbreitung. Daraus ergibt sich ein Teufelskreis: Kann ein Kunde nur dann einen Vorteil aus einer Technologie ziehen, wenn zuerst ein gewisses Mindestmaß an Durchdringung für ihr Funktionieren gegeben sein muss, wird er niemals in sie investieren und darauf warten, bis die erforderliche Verbreitung eintritt, um die Technologie verwenden zu können.

Hier liegt der *"Knackpunkt"* für Car2Car und Car2Infrastructure, die aufgrund der Netzwerkeffekte unter den Gesetzen des freien Marktes niemals die erforderliche Verbreitung für ein verlässliches Funktionieren erreichen würden. Ein anderes, technologisches Problem ist die noch immer fehlende separate WLAN-Sendefrequenz im Bereich von 5,9 GHz für sicherheitskritische Car2Car-Dienste, wie sie in den USA bereits zugewiesen ist. Nicht sicherheitskritische Car2X-Dienste, also Car2Personal Equipment, Car2Home und Car2Enterprise, werden nach derzeitigen Planungen auf den öffentlichen WLAN-Frequenzen zwischen 2,4 und 5 GHz funken (siehe Experteninterview mit DR. MATHEUS vom 27. Juli 2007, Anhang S. 165 ff).

In erster Linie unterliegen Car2Car und Car2Infrastructure-Dienste Netzwerkeffekten. Die restlichen drei Klassen sind davon nicht im selben Ausmaß betroffen: Car2Personal Equipment, Car2Home und Car2Enterprise ermöglichen einen sofortigen Zusatznutzen, sobald der Kunde die Funktionalität erwirbt und zumindest einen Kommunikationspartner findet, zB in Form eines Mobiltelefons oder Home-PCs. Deswegen wird von Seiten der Automobilhersteller eine stufenweise Einführung von Car2X-Diensten angedacht.

Diese soll Schritt für Schritt erfolgen, um den Kunden langsam an die Nutzungsvorteile von Car2Infrastructure und Car2Car-Diensten mit Netzwerkeffekten heranzuführen und zu gewöhnen. Trotzdem können Car2Personal Equipment, Car2Home und Car2Enterprise kein technologischer Treiber für eine gesamtheitliche Markteinführung von Car2X sein. Laut den Wissenschaftlern DR. BEIER UND DR. MATHEUS sind alle drei Klassen zu wenig fahrzeugspezifisch, was jedoch für eine Treiberfunktion bei der Markteinführung unbedingt erforderlich ist (siehe Experteninterviews mit DR. BEIER vom 26. und DR. MATHEUS vom 27. Juli 2007, Anhang S. 139 ff und S. 174). Dennoch kann Car2Personal Equipment als *„mentale Eisbrecherfunktion"* für Car2X wirken, indem sich Kunden dank dieser ersten marktreifen Car2X-Anwendung zunehmend daran gewöhnen, dass ihr Automobil Informationen mit anderen Dingen über WLAN austauscht (siehe Experteninterview mit DR. BEIER vom 26. Juli 2007, Anhang S. 142).

Die nachfolgende Tabelle gibt einen Überblick über Car2Car-Dienste und ihre jeweiligen Durchdringungsgrade, die für das zuverlässige Funktionieren und damit für ihren Absatz am Markt erforderlich sind. Dabei kann zwischen intelligenten Navigations- und intelligenten Warndienste unterschieden werden, die sich wiederum je nach Höhe ihres Durchdringungsgrades in vier Typen einteilen lassen: Der intelligente Navigationsdienst, der ab fünf Prozent Durchdringung verlässlich funktioniert sowie die Warndienste A ab zehn Prozent, B von zehn bis 50 % und C ab 90 % Verbreitung auf den Markt gebracht werden können:

Dienst: benötigte Durchdringung	**Potenzielle Auswirkung auf ...**	
	tödliche Unfälle	leichtere Unfälle
INTELLIGENTER NAVIGATIONSDIENST: *5 % Durchdringung*		
Real time traffic flow information	Sehr attraktive Anwendung	
WARNDIENSTE A: *10 % Durchdringung*		
Speed alert	Niedrig	Niedrig
Road condition warning	Hoch	Hoch
Traffic jam ahead warning	Niedrig	Hoch
Unusually slow vehicle warning	Niedrig	Hoch
Post crash warning	Niedrig	Niedrig
Emergency vehicle alert	Niedrig	Niedrig
WARNDIENSTE B: *10-50 % Durchdringung*		
Drunken/sleep driving warning	Hoch	Hoch
Obstacle and collision warning	Hoch	Hoch
Sudden driving behaviour warning	Hoch	Hoch

WARNDIENSTE C: *90 % Durchdringung*		
Adaptive head lights	Hoch	Niedrig
Lane departure warning	Niedrig	Niedrig
Overtaking collision warning	Hoch	Hoch
Traffic law violation warning	Hoch	Hoch
Visibility assistance	Niedrig	Niedrig

Tabelle 2: *Car2Car-Dienste (Basis: Matheus/Morich 2005a, S. 54)*

Wie beschrieben lässt sich anhand der Tabelle ablesen, dass Car2Car-Dienste ein Mindestmaß an Verbreitung benötigen, um zu funktionieren und für eine Markteinführung die notwendige technologische Reife zu erlangen. DR. MATHEUS äußerte sich im Experteninterview dahingehend, dass eine Markteinführung von Car2Car nur mit ausreichender Durchdringung von On-Board-Units möglich ist: *".. Voraussetzung für Car2Car ... ist ... eine gewisse Verbreitung am Markt. Ich kann [Car2Car] .. nur verkaufen, wenn die Kunden einen bestimmten Nutzen haben. Und den hat man erst, wenn es eine bestimmte Verbreitung gibt und diese ist .. ziemlich schwierig zu erreichen."* (siehe Experteninterview mit DR. MATHEUS vom 27. Juli 2007, Anhang S. 164)

Aufgrund dieser Informationen kann die im *Kapitel 3.2* aufgestellte These **„Die Markteinführung von Car2X ist nur mit ausreichender Verbreitung von Kommunikationsmodulen möglich"** für Car2Car- und Car2Infrastructure-Dienste verifiziert werden. Car2Car benötigt für ein verlässliches Funktionieren je nach Dienst eine unterschiedlich hohe Durchdringung, bevor es auf den Markt gebracht werden kann. Das selbe gilt für Car2Infrastructure. Wie oben erklärt, trifft dies für die drei restlichen Klassen allerdings nicht zu: Car2Personal Equipment, Car2Home und Car2Enterprise stiften schon bei wenigen Kommunikationspartnern relativ schnell einen Zusatznutzen. Diese drei Klassen können demnach früher auf den Markt gebracht werden, weil sie nicht im selben Ausmaß von einem vorhandenen Netzwerk abhängig sind, sondern lediglich eine bidirektionale Kommunikation für die Schaffung eines Kundennutzens benötigen. Damit ist die aufgestellte Hypothese für Car2Personal Equipment, Car2Home und Car2Enterprise falsifiziert.

Nichtsdestotrotz erscheint es laut DR. MATHEUS schwierig, Car2Car und Car2Infrastructure über Car2X-Dienste einzuführen. Nach derzeitigem Stand ist keiner dieser drei Dienste ausreichend attraktiv, um eine gesamtheitliche Markteinführung von Car2X pushen zu können. Dies deckt sich mit der Einschätzung von DR. BEIER auf Basis seiner Akzeptanzstudien, wie im vorigen Kapitel dargestellt wurde. Demzufolge erscheint eine Einführung von Car2X aus dem Markt heraus über Car2Personal Equipment, Car2Home und Car2Enterprise als unplausibel. (siehe Experteninterview mit DR. MATHEUS vom 27. Juli 2007, Anhang S. 175)

Da zudem die Einführung von Car2X aufgrund ihrer besonderen technologischen Rahmenbedingungen über den sonst bewährten Top-Down-Ansatz nicht realisierbar ist, wie im *Kapitel 3.2* diskutiert wurde, stellt eine serienmäßige Markteinführung von Car2X-Basismodulen die attraktivste Variante dar. Diese Strategie hat den Vorteil, dass erstens die erforderliche Durchdringung in einem abschätzbaren und vor allem annehmbaren Zeitraum erreicht wird, worauf im *Kapitel 4.3.2* noch näher eingegangen wird. Und zweitens sinken aufgrund der bedeutend größeren Mengen die Teilekosten (*economy of scale*), als wenn man die Car2X-Module optional anbieten und damit einzeln verkaufen würde. Aus diesem Grund stehen lediglich zwei ernst zu nehmende Ansätze für eine Markteinführung von Car2X zur Verfügung: Entweder sie erfolgt durch die öffentliche Hand quasi zwangsweise, oder sie findet auf eigenen Antrieb der Automobilhersteller statt.

Der große Nachteil steckt bei einer serienmäßigen Markteinführung trotz den Vorteilen aus *"economy of scale"* in den hohen Teilekosten: Die Produktion und Integration der Car2X-Basismodule verursacht pro Stück geschätzte **70 Euro** an zusätzlichen Beschaffungskosten für den Automobilhersteller. Jedoch sinkt der finanzielle Aufwand beträchtlich, wenn das Fahrzeug, in das das Car2X-Basismodul integriert wird, bereits über ein fest verbautes Navigationssystem verfügt. In diesem Fall entstehen lediglich Kosten von **ca. 20 Euro** für die Produktion und Integration eines Car2X-Basismoduls in das Fahrzeug (vgl. Specks/Meyer/ Paulus 2007, S. 5). Grund dafür sind weitgehende technologische Überlappungen zwischen Navigationssystem und Car2X-Basismodul, wie die *Abbildung 16* zeigt:

Die linke, deutlich größere Hälfte zeigt die technologischen Bestandteile eines Navigationssystems: Den GPS-Empfänger samt Antenne, den Verarbeitungs-

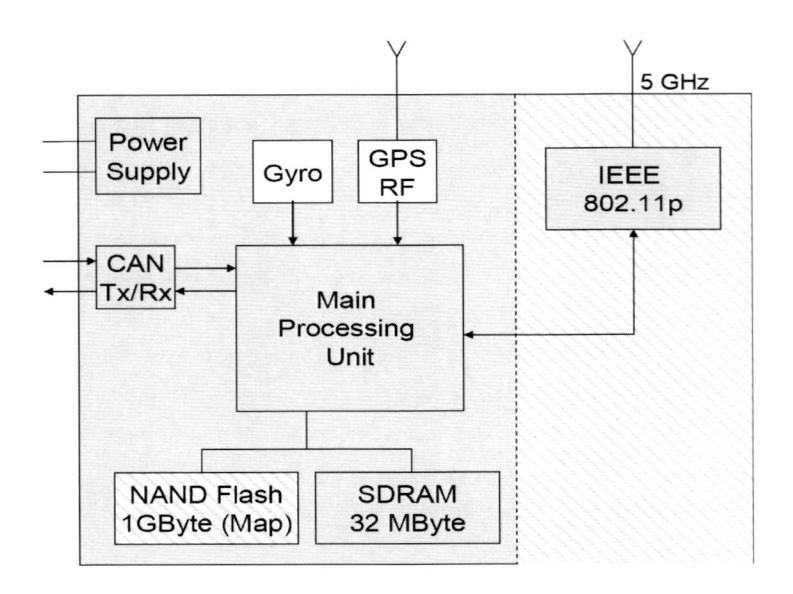

Abbildung 16: *Komponenten eines Car2X-Basis-Kommunikationsmoduls (Quelle: Matheus 2005, S. 13)*

rechner mit lokalem SDRAM-Speicher von 32 Megabyte, den NAND Flash-Speicher inklusive einer Speicherkapazität von einem Gigabyte für das digitale Kartenmaterial etc. Die rechte, deutlich kleinere Hälfte stellt den erforderlichen WLAN-Sender bzw. Empfänger samt Antenne dar, die für Car2X notwendig ist.

Fügt man beide Hälften zusammen, erhält man ein Bild von der technologischen Beschaffenheit eines Car2X-Basismoduls, welches also fast zur Gänze auf ein klassisches Navigationssystem aufsetzt, weshalb bei dessen Vorhandensein **50 Euro** pro Stück an Kosten eingespart werden können. Laut MOORE'schem Gesetz *(siehe Kapitel 2.2)* ist mit einem weiteren Preisverfall bei Technologien zu rechnen, was zu noch günstigeren Materialkosten für das Car2X-Basismodul führt und für einen Automobilhersteller weniger hohe Vorinvestitionen bedeutet.

Eine anderer Trend, der einer Markteinführung von Car2X ebenfalls sehr entgegen kommt, ist neben dem MOORE'schen Gesetz die stark zunehmende Einbaurate von Navigationssystemen im Fahrzeug. Wie das nachfolgende Diagramm zeigt, stieg die Zahl der bei Audi produzierten Automobile mit fest verbautem Navigationssystem seit *1998* um **55 Prozentpunkte** an. Im *1. Halbjahr 2007* wurden bereits fast zwei Drittel aller neu produzierten Audi Automobile mit einem fest verbauten Navigationsgerät ausgestattet. Zum Vergleich wurden im selben Zeitraum bei der Konzern-Mutter Volkswagen 28 % der Gesamtproduktion mit Navigationsgeräten ausgerüstet (vgl. o.V. 2007k).

Die im Diagramm dargestellte Entwicklung wirkt unterstützend für das Erreichen der erforderlichen Durchdringung, da wie beschrieben ein vorhandenes Navigationssystem ein Potenzial zur Kostenreduktion von rund **70 %** darstellt. Um also die notwendige technische Durchdringung von Car2X-Modulen zu erreichen, muss zuerst einer der zwei vorgestellten Ansätze, also entweder eine Zwangseinführung durch die öffentliche Hand oder eine serienmäßige Markteinführung durch die Automobilhersteller Wirklichkeit werden, die wiederum in verschiedenen Abstufungen realisiert werden können. Diese werden im *Kapitel 4.3* detailliert behandelt.

4.3 Markteinführungsszenarien

Wie im *Kapitel 3.4* gezeigt wurde, gibt es eine Reihe von Stakeholdern, die Interesse an einer Markteinführung von Car2X haben. *Während Städte und Gemeinden, Versicherer* sowie *sonstige Dienstleister* lediglich unterstützend bei einer Markteinführung von Car2X wirken, spielen die *EU, Regierungsbehörden* und last, but not least *Automobilhersteller* eine aktive Rolle.

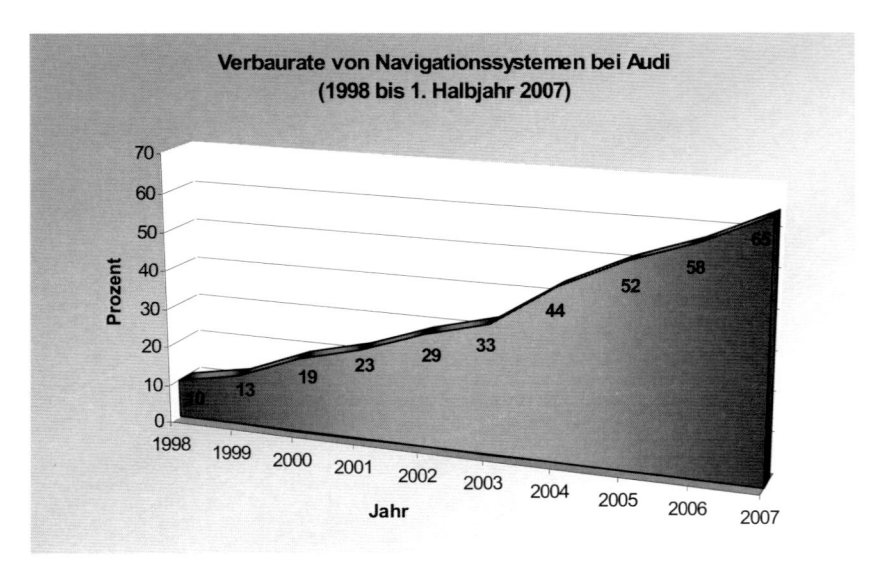

Abbildung 17: *Kontinuierlich mehr Audi Automobile werden mit fest verbauten Navigationssystemen ausgestattet (Basis: AUDI AG, VI-14)*

Für jede neue Technologie existieren zwei mögliche Wege, sie in den Markt einzuführen:

1. *Entweder eine gesetzliche Regulierung erzwingt ihre Einführung* **(Zwangseinführung durch öffentliche Hand)**.
2. *Oder die neue Technologie bringt einen sichtbaren Zusatznutzen für die Kunden mit sich, wodurch eine hohe Nachfrage nach der Innovation generiert und damit die Möglichkeit zur Gewinnerwirtschaftung durch Automobilhersteller geschaffen wird* **(Markteinführung durch kommerzielles Stufenmodell)**. (vgl. Matheus et al. 2005, S. 4)

In der Folge werden beide Ansätze, also eine Zwangseinführung durch die öffentliche Hand sowie eine Markteinführung durch ein kommerzielles Stufenmodell, diskutiert.

4.3.1 Zwangseinführung durch die öffentliche Hand

"Ich sehe [ein Markteinführungsszenario] .. nur über Zwang, nur über den Staat. Entweder Maut oder er schreibt Car2Car vor, genau wie er eCall vorschreibt." (siehe Experteninterview mit DR. MATHEUS vom 27. Juli 2007, Anhang S. 178)

Aus diesem Zitat von DR. MATHEUS lassen sich zwei Szenarien für eine Zwangseinführung durch die öffentliche Hand ableiten, die in weiterer Folge behandelt werden:
- *"Direkte Regulation"* und
- *"Indirekte Regulation"*

4.3.1.1 Szenario "Direkte Regulation"
Diesem Szenario liegt die Annahme zugrunde, dass die EU bzw. ihre einzelnen Mitgliedsstaaten Car2Car gesetzlich vorschreiben. Eine direkte Regulation erscheint durch das öffentliche Interesse an gesteigerter Sicherheit und höherer Mobilität im Straßenverkehr gerechtfertigt, wie die Initiative *"Sicherer und sauberer Verkehr"* und das *Lissabon-Ziel* der EU unterstreichen *(siehe Kapitel 3.4.1.1)*. Eine gesetzliche Vorschreibung wäre für die Markteinführung von

Car2X ein Glücksfall: Die notwendige Durchdringungsschwelle von fünf Prozent, die für ein Funktionieren erster Dienste erforderlich ist, würde in ca. acht Monaten erreicht werden – also sehr viel schneller, als dies bei einer herkömmlichen Einführung aus dem Markt heraus der Fall wäre, wie später noch aufgezeigt wird. (vgl. Specks/Rech 2005, S. 12)

Ein aktuelles Beispiel für eine direkte Regulation bei einer automobilen Kommunikationstechnologie ist das bereits oben im Zitat erwähnte *eCall*. Dabei handelt es sich um ein Notrufsystem in Kraftfahrzeugen, welches im Falle eines Unfalls über *GSM* selbständig einen Notruf an die nächstgelegene Rettungszentrale aussendet und über *GPS* den genauen Standort des Fahrzeugs ortet. Die EU strebt an, dass jedes Neufahrzeug in Europa ab 2009 verbindlich mit *eCall* ausgestattet ist. Zurzeit haben jedoch nur ein Drittel der 27 Mitgliedsstaaten *(Deutschland, Italien, Griechenland, Österreich, Schweden, Finnland, Litauen, Slowenien und Zypern)* sowie drei weitere Länder *(Schweiz, Norwegen und Island)* die Absichtserklärung zur Einführung des automatischen Notrufsystems bei Kraftfahrzeugen unterzeichnet. Damit ist trotz der direkten Regulation durch die EU frühestens im September 2010 mit der verpflichtenden Einführung von *eCall* in Europa zu rechnen. (vgl. o.V. 2007e: 17, Europaweites Fahrzeug-Notrufsystem kommt frühestens 2010 – oder gar nicht?, http://www.heise.de/newsticker/meldung/93219, 24. Juli 2007)

Problematisch für die Akzeptanz von *eCall* sind offene datenschutzrechtliche Fragen sowie die hohen Kosten, die auf die Kunden abgewälzt werden. Sie werden beim Neukauf eines Automobils keine Wahlmöglichkeit mehr haben, auf das System zu verzichten. Dieser Kontrollverlust könnte zu einer Ablehnung des quasi zwangsweise verordneten Systems führen – trotz des offensichtlichen Nutzens. Car2X hätte bei einer Einführung über eine direkte Regulation mit den selben Akzeptanz-Problemen wie *eCall* zu kämpfen. (vgl. Specks/Rech 2005, S. 12). Aus diesen drei Gründen – also *Datenschutz*, *Kostenabwälzung* und *Kontrollverlust* – ist eine direkte Regulation weder von Seiten nationaler noch supranationaler Gesetzgeber in Sichtweite.

4.3.1.2 Szenario "Indirekte Regulation"

Ein anderes Einführungsszenario von Car2X sieht die Bereitstellung der notwendigen Infrastruktur durch die öffentliche Hand vor, was mit Kosten von rund **einer Mrd. Euro** beziffert wird (vgl. Specks/Rech 2005, S. 12). Aufgrund dieses enormen finanziellen Aufwandes erscheint der japanische Ansatz, der im *Kapitel 3.3.2* diskutiert wurde, am sinnvollsten, indem bereits vorhandene Infrastruktursysteme für die Nutzung von Car2X mitverwendet werden. In Japan werden für diesen Zweck ein Verkehrsinformations- *(VICS)* und ein Mautsystem *(ETCS)* miteinander verbunden *(siehe S. 31)*. Auch in Europa erscheint die Mitnutzung einer schon bestehenden Infrastruktur kostengünstigster, als ein System von Grund auf neu aufzubauen – bloß sind die unterschiedlichen europäischen Mautsysteme noch nicht harmonisiert. Doch auch das alleinige Vorhandensein der Infrastruktur ist zu wenig, um für Car2X eine echte Basis zur Markteinführung zu schaffen. Vielmehr ist der Zwang nur Nutzung entscheidend, wie auch DR. MATHEUS im Experteninterview verdeutlich hat:

"*Wenn nur die Infrastruktur bereitgestellt wird, nutzt das .. noch nicht viel. Denn dann habe ich [das Basismodul] noch nicht im Auto und Zuhause auch nicht, wenn ich Car2Home machen will. ... Nur die Infrastruktur reicht nicht, sie muss auch einen ganz konkreten Sinn haben. ... Wenn die Regierung sagt, wir wollen Car2Car und es ist ein Zwang, alle Autos auszustatten, dann funktioniert es auch, wenn wir sagen, wir machen Maut über WLAN.*" (siehe Experteninterview mit DR. MATHEUS vom 27. Juli 2007, Anhang S. 177)

Aus diesem Zwang zur Mauterhebung über ein WLAN-fähiges System ergibt sich eine indirekte Regulation, die für eine Markteinführung von Car2X unterstützend wirken würde. Voraussetzung dafür ist einerseits die Ausweitung der kilometerabhängigen Mautpflicht auf PKW´s, andererseits die EU-weite Harmonisierung der in den verschiedenen Ländern im Einsatz befindlichen Erhebungstechnologien hin zu einem einheitlich standardisierten WLAN-Mautsystem für LKW´s und PKW´s gleichermaßen.

Wie im *Kapitel 3.4.2.2* erklärt wurde, verfügen derzeit nur sechs Länder über ein Mautsystem auf Basis von DSRC, welches das Potenzial für eine Erweiterung auf die Car2Car-Grundtechnologie WLAN IEEE 802.11p mit sich bringt und interoperabel – *also wechselseitig kompatibel* – ist. Deutschland als größter Automobilmarkt Europas verwendet für die zwar Mauterhebung ein anderes System namens *„Toll Collect"*, welches über *GSM* und *GPS* funktioniert. Nichtsdestotrotz ist es technisch so ausgelegt, dass auch auf DSRC basierende Systeme sowohl über Mikrowelle als auch über Infrarot unterstützt werden. Aufgrund der fehlenden Harmonisierung der europäischen Mautsysteme, die trotz allgemeiner Vereinheitlichungsziele der EU mittelfristig nicht absehbar ist, bleibt eine Erweiterung auf WLAN und eine Mitnutzung der Mautsysteme für Car2X-Zwecke unrealistisch. Darüber hinaus birgt die dafür notwendige Ausweitung der Bemautung auf PKW´s die Gefahr, dass die Automobilhersteller öffentlich für die zusätzlichen Ausgaben der Autofahrer verantwortlich gemacht werden, wenn diese für ihre Technologie ein bestehendes Mautsystem mitnutzen wollen. (vgl. o.V. 2007l: 20, Toll Collect – Fragen und Antworten, http://www.toll-collect.de/faq/tcrdifr004-,7_allgemeines.jsp;jsessionid=02B5838 F8C6291BC07CB0044D2478B75#hl3link2)

Als Zusammenfassung dieser beiden Kapitel lässt sich festhalten, dass derzeit weder eine direkte noch eine indirekte Regulation durch die öffentliche Hand in Sicht ist, die eine Markteinführung von Car2X antreiben würde: *"Technology can greatly improve road safety and prevent accidents. Together with industry we are working hard to develop Intelligent Safety Systems. Member States and stakeholders must ensure that these dramatically important and efficient technologies are quickly taken in use in all markets in Europe"* (o.V 2006b: 18, Extra safety, not extra prices for intelligent systems, say motorists, http://esafetysupport.org/en/news/news_archive_2006/extra_safety_not_extra_prices_for_intelligent_systems_say_motorists.htm, Dezember 2006). Mit diesem Ausspruch verdeutlicht die *Europäische Kommissarin für Information und Medien*, VIVIANE REDING, die gegenwärtige EU-Haltung, weder direkt noch indirekt eine Regulierung von Car2X anzustoßen, sondern lediglich gemeinsam mit der Industrie an der Entwicklung intelligenter Kommunikationstechnologien im Automobilbereich mitzuarbeiten. Nichtsdestotrotz betont sie, wie wichtig es ist, diese *"Technologien in allen Märkten Europas in Betrieb zu nehmen."* Da die Markteinführung von Car2X von öffentlicher Seite zwar herbeigesehnt, aber nicht über einen regulativen Zwang erfolgen wird, bleibt lediglich der kommerzielle Ansatz. Dieser wird in weiterer Folge ausführlich behandelt.

4.3.2 Markteinführung durch kommerzielles Stufenmodell

Der im *Kapitel 4.3* angesprochene sichtbare Zusatznutzen ist bei Car2X dreifach gegeben: *Gesteigerte Sicherheit, höhere Mobilität* und *mehr Komfort* können durch Car2X-Dienste lukriert werden. Wie in dieser Arbeit bereits diskutiert wurde, stellt eine Serienausstattung mit einem WLAN-fähigen Basis-Kommunikationsmodul die einzig realistische Möglichkeit dar, in absehbarer Zeit die unterschiedlich hohen Durchdringungsschwellen zu erreichen. Die folgenden Kapitel geben in Form von drei möglichen Szenarien über die bei einer serienmäßigen Basis-Ausstattung mit Kommunikationsmodulen anfallenden Kosten Aufschluss. Darüber hinaus beleuchten sie den Zeitrahmen bis zum Erreichen der notwendigen Durchdringung auf Basis der Neuzulassungen aus dem Jahr 2006.

4.3.2.1 Szenario "Alleingang des Konzerns"

Die AUDI AG gehört wie fünf weitere europäische Marken (*Seat* aus Spanien, *Škoda* aus Tschechien, *Lamborghini* aus Italien sowie *Bentley* und *Bugatti* aus Großbritannien) zum deutschen *Volkswagen-Konzern* (VW). Dieser mit Abstand größte europäische Automobil-Konzern ist der viertgrößte Hersteller von Kraftfahrzeugen weltweit – hinter *Toyota* aus Japan und den amerikanischen Konzernen *General Motors* sowie *Ford*. (vgl. o.V. 2007g: 19, Volkswagen jagt Toyota, http://www.n24.de/auto/article.php?articleId=144664, 22. August 2007)

Die Größe des VW-Konzerns[13] bringt eine relative Marktdominanz mit sich – vor allem in Deutschland: 2006 erreichte der Konzern in seinem Heimatmarkt einen Marktanteil von 32,64 %. Das bedeutet, dass vergangenes Jahr jedes dritte in Deutschland neuzugelassene Automobil aus dem VW-Konzern kam (vgl. o.V. 2007f). Auf Basis des Gesamtbestandes an Fahrzeugen von ca. 46,5 Mio. aus dem Jahr 2006 lässt sich damit die theoretische Dauer in Jahren errechnen, bis in Deutschland die unterschiedlichen Durchdringungsschwellen von fünf, zehn, 50 und 90 Prozent erreicht werden (vgl. o.V. 2006a, S. 133).

**Dauer bis zum Erreichen der vier
Durchdringungsschwellen für den VW-Konzern**

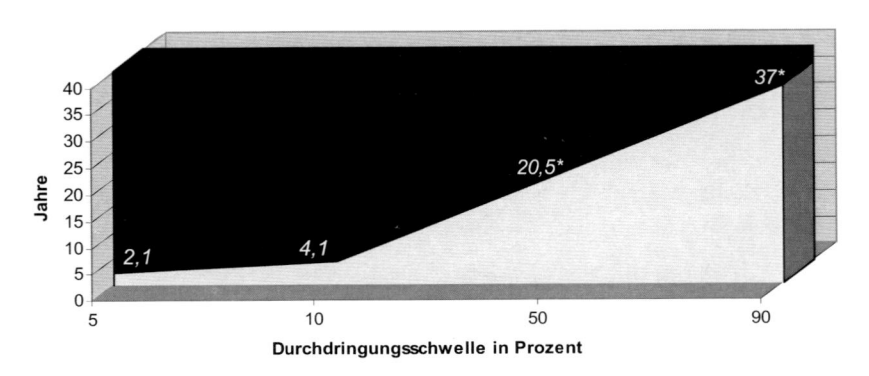

```
Jahre
40                                              37*
35
30
25                          20,5*
20
15
10   2,1        4,1
 5
 0
     5          10           50           90
        Durchdringungsschwelle in Prozent
```

Abbildung 18: *Zeitdauer in Jahren, bis der VW-Konzern die jeweiligen Durchdringungsschwellen erreicht (*asymptotisch, d. h., sie werden nie erreicht; vgl. Specks/Rech 2005, S. 8)*

Das folgende Diagramm zeigt, dass bei einem Alleingang des VW-Konzerns nach nur etwas mehr als zwei Jahren die erste Durchdringungsschwelle von fünf Prozent erreicht werden würde. Nach zwei weiteren Jahren kann die zehn Prozent-Hürde übersprungen werden, die für das verlässliche Funktionieren der ersten sicherheitsbezogenen Car2X-Dienste notwendig ist. Dass die ersten beiden Durchdringungsschwellen gerade bei einem Alleingang des VW-Konzerns in einem annehmbaren Zeitraum mittelfristig erreichbar sind, ist ein überraschendes und in dieser Form völlig neues Ergebnis.

Aufgrund des durchschnittlichen Lebenszykluses eines Fahrzeuges von 18 Jahren haben die mit Stern* versehenen Werte wie oben vermerkt asymptotischen Charakter, d. h. es handelt sich um Werte, die nie erreicht werden. Voraussetzung für die Richtigkeit der errechneten Zahlen ist, dass die zur Berechnung herangezogenen Werte aus dem Jahr 2006 – *also die Neuzulassungen*

---

[13] Zum besseren Verständnis: Der Begriff „VW-Konzern" schließt explizit Audi ein. Hin-

und der Gesamtfahrzeugbestand in Deutschland – konstant bleiben. Betrachtet man die Entwicklung dieser beiden Kennzahlen im Zeitraum 2004 bis 2006 genauer, können die errechneten Zahlen als konservativ bezeichnet werden: Während der Gesamtbestand an Fahrzeugen in Deutschland innerhalb von zwei Jahren nur um ca. zwei Prozent gewachsen ist, stieg die Gesamtanzahl an Neuzulassungen im selben Zeitraum um sechs Prozent, jene allein des VW-Konzerns sogar um 13 %. Nach heutigem Wissensstand bedeutet dies, dass sich die in dieser Arbeit dokumentierten Zeitwerte bis zum Erreichen der Durchdringungsschwellen weiter reduzieren werden – vorausgesetzt, die Entwicklung aus dem Zeitraum 2004 bis 2006 setzt sich fort.

Neben dem Zeitrahmen bis zum Erreichen der Durchdringungsschwellen gibt dieses Kapitel auch Aufschluss über die Kostensituation bei einem Alleingang des VW-Konzerns: Auf Basis der im *Kapitel 4.2.2* dargestellten Werte pro verbautem Basis-Kommunikationsmodul sowie der Anzahl an Neuzulassungen aus dem Jahr 2006 lassen sich Kosten von *ca. 58,5 Mio. Euro* pro Jahr errechnen. Schlüsselt man die Kosten auf, dann ist besonders auffallend, dass der überwiegende Teil *(83,25 %)* auf VW entfällt. Dies ist einerseits der Fall, weil das Wolfsburger Stammwerk jedes Jahr bedeutend mehr Fahrzeuge als Audi produziert – *im Jahr 2006 lag das Verhältnis zwischen Mutter- und Tochterunternehmen bei 5:1* – und andererseits, weil bei VW noch ca. 62 % aller Neufahrzeuge über kein Navigationsgerät verfügen, weshalb mehrheitlich mit höheren Kosten von rund 70 Euro pro Basis-Kommunikationsmodul kalkuliert werden muss.

Bei Audi herrscht ein gegensätzliches Bild vor, weil 65 % aller Neufahrzeuge aufgrund der bereits vorhandenen Ausstattung mit Navigationsgeräten nur noch Kosten von 20 Euro pro Basis-Kommunikationsmodul verursachen. Aus diesen zwei Gründen – also geringeres Produktionsvolumen und höhere Ausstattungsraten mit Navigationsgeräten als VW – entfallen bloß 16,75 % der Gesamtkosten auf Audi – in absoluten Zahlen ca. 9,8 Mio. Euro pro Jahr. Tendenziell ist die Kostensituation degressiv: Zum einen ist laut MOORE'schem Gesetz

---

gegen meint „VW" immer ausdrücklich Volkswagen *ohne* Audi.

auch weiterhin mit fallenden Technologiepreisen zu rechnen *(siehe Kapitel 2.2)*. Zum anderen zeigt die Ausstattungsrate bei Navigationsgeräten steil nach oben *(siehe dazu Abbildung 17 in Kapitel 4.2.2)*, was zu günstigeren Kosten bei der Serienimplementierung des Basis-Kommunikationsmoduls führt.

4.3.2.2 Szenario "C2C-CC Gründungsmitglieder"

Auf Basis der bisherigen Ergebnisse lässt sich folgende Grundbedingung aufstellen: *Je mehr Automobilhersteller bei einer Markteinführung von Car2X zusammenarbeiten, desto schneller kann die notwendige Durchdringung erreicht werden.* Aus diesem Grund haben sich vor fünf Jahren vier Automobilhersteller zum C2C-CC zusammengeschlossen, welches eine gemeinsame Markeinführung von Car2Car verfolgt *(siehe Kapitel 2.4)*. Wenn neben VW und Audi auch die restlichen beiden Gründungsmitglieder des C2C-CC, Daimler und BMW, an einem Strang ziehen und sich für eine gemeinsame Serienimplementierung des

Dauer bis zum Erreichen der vier Durchdringungsschwellen für C2C-CC Gründungsmitglieder

[Diagramm: Durchdringungsschwelle in Prozent (x-Achse: 5, 10, 50, 90) vs. Jahre (y-Achse: 0–40); Werte: 1,3 / 2,6 / 12,9 / 23,2* für C2C-CC Gründungsmitglieder]

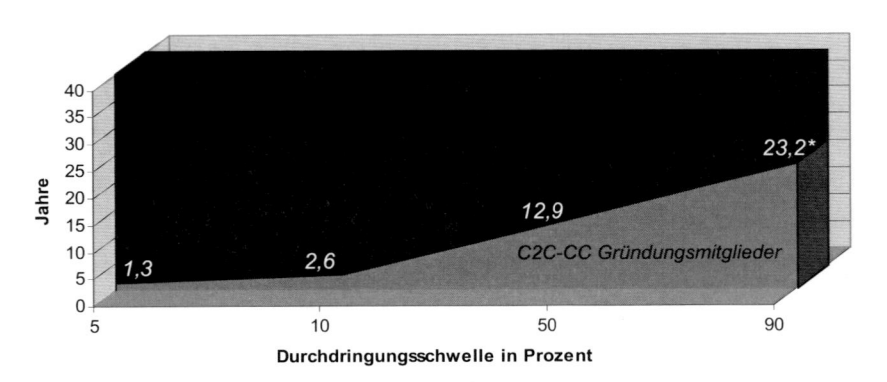

Abbildung 19: *Zeitdauer in Jahren, bis die Gründungsmitglieder des C2C-CC die jeweiligen Durchdringungsschwellen erreichen (*asymptotisch, d. h., sie werden nie erreicht; vgl. Specks/Rech 2005, S. 8)*

Basis-Kommunikationsmoduls entscheiden, kann die Zeitdauer bis zum Erreichen der jeweiligen Durchdringungsschwellen um durchschnittlich 37 % verkürzt werden. Das Diagramm unten gibt bei diesem Szenario Aufschluss über den genauen Zeitrahmen:

In Punkto Kostensituation erhöhen sich bei diesem Szenario die jährlichen Gesamtausgaben auf rund **83,6 Mio. Euro**, wobei sie je nach Hersteller unterschiedlich verteilt sind: Den Löwenanteil der Gesamtkosten trägt bei diesem Szenario VW: Mehr als die Hälfte der Kosten *(58,25 %)* entfallen auf den Wolfsburger Konzern. Die drei Premiumhersteller Daimler *(16,75 %)*, BMW *(13,28 %)* und Audi *(11,72 %)* haben jeweils nur einen Bruchteil der Gesamtkosten zu tragen. Dies liegt zum einen – wie im Kapitel zuvor aufgezeigt – an dem niedrigeren Produktionsvolumen und zum anderen an der höheren Ausstattungsrate mit Navigationsgeräten[14] im Vergleich zu VW.

Kosten für das Basismodul in Mio. Euro

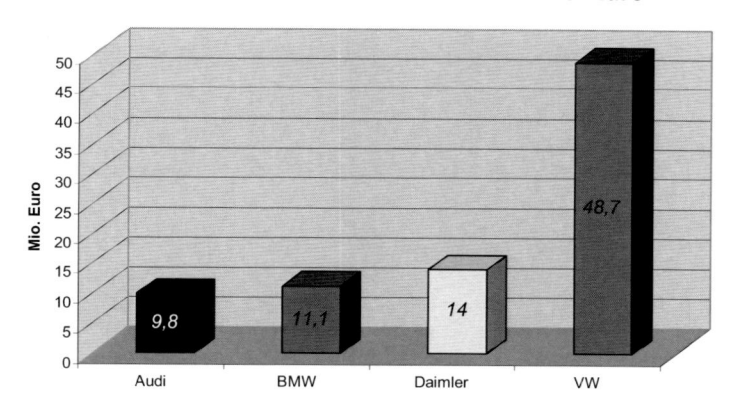

Hersteller	Mio. Euro
Audi	9,8
BMW	11,1
Daimler	14
VW	48,7

Abbildung 20: *Den vier Gründungsmitgliedern des C2C-CC entstehen bei einer Serienausstattung mit dem Basis-Kommunikationsmodul insgesamt Kosten von 83,6 Mio. Euro pro Jahr*

---

[14] Eine GfK-Studie aus dem Jahr 2006 zeigt, dass die drei deutschen Premiumhersteller Kopf an Kopf bei der Ausstattungsrate mit Navigationssystemen liegen. Aus diesem Grund wurde für die Berechnung der Ergebnisse von Daimler und BMW die Audi Ausstattungsrate von 65 % angenommen.

Das dritte und letzte Szenario erweitert den vorherigen Ansatz um vier weitere Automobilhersteller. Ausgangspunkt ist wie schon zuvor das C2C-CC, wobei diesmal nicht nur die Gründungsmitglieder, sondern auch die 2004 neu dazu gekommenen Mitglieder *Opel, Fiat, Honda und Renault* in der Modellrechnung berücksichtigt werden. Das Diagramm unten zeigt, dass sich die Zeitdauer bis zum Erreichen der jeweiligen Durchdringung im Vergleich zu einem Alleingang des VW-Konzerns *(siehe Kapitel 4.3.2.1)* mehr als halbieren würde: Nach nur einem Jahr wird die erste Schwelle von fünf Prozent übersprungen. Ein knappes Jahr später stellt sich eine Durchdringung von zehn Prozent ein, sofern alle acht C2C-CC Mitglieder zusammen an einer gleichwertigen Funktionsausprägung arbeiten.

Dauer bis zum Erreichen der vier Durchdringungsschwellen für alle C2C-CC Mitglieder

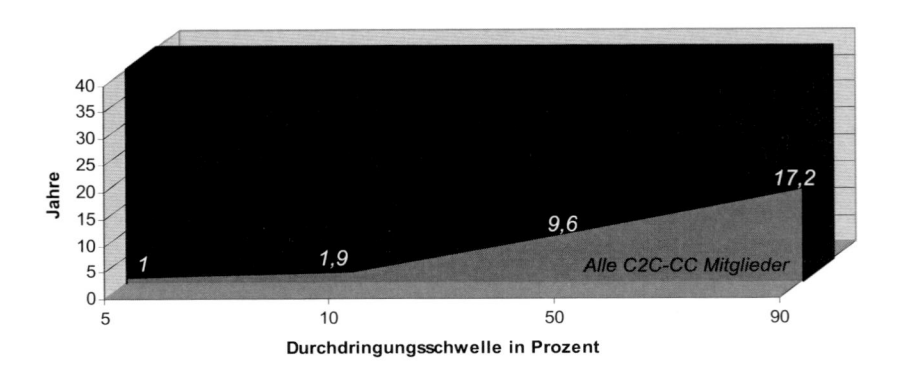

Abbildung 21: *Zeitdauer in Jahren, bis alle C2C-CC Mitglieder die jeweiligen Durchdringungsschwellen erreichen*

Die Halbierung der Zeitdauer hat aber auch ihren Preis: Während bei einem Alleingang des VW-Konzerns lediglich Gesamtkosten von 58,5 Mio. Euro entstehen, betragen sie bei diesem Szenario *ca.* **118,7 Mio. Euro** – also eine Verdoppelung der Kosten. Die in den vorherigen Kapitel aufgezeigte Kostensituation *(siehe Abbildung 20)* verändert sich für die vier Gründungsmitglieder des

C2C-CC nicht: Die Mehrkosten von 35,1 Mio. Euro entfallen gänzlich auf die neuen Mitglieder des C2C-CC. Voraussetzung für ein Gelingen der beiden zuletzt gezeigten Szenarien ist die Einigung der Gründungs- bzw. aller Mitglieder des C2C-CC auf eine gemeinsame Markteinführung. Ohne ein ähnliches Commitment, wie es die USA Ende 2008 beschließen will *(siehe Kapitel 3.3.1)*, bleibt eine rasche Markteinführung von Car2X weiter unrealistisch. Inwiefern die drei vorgestellten Szenarien zu einem idealen Markteinführungsszenario vereint werden können, darüber gibt das *Kapitel 5.1* Aufschluss. Zuvor werden noch weitere wirtschaftliche Aspekte diskutiert.

4.4 Wirtschaftliche Aspekte

Nachdem die Zeit- und Kostensituation in den drei vorangegangenen Kapiteln ausführlich beleuchtet wurde, widmet sich dieses Kapitel der Frage, ob für einen Automobilhersteller mit Car2X ein direkter bzw. indirekter Ergebnisbeitrag erzielt werden kann.

4.4.1 Direkter Ergebnisbeitrag

"Bleiben wir .. einmal bei der Frage, ob man damit Geld verdienen kann: Ich denke ja, man kann mit Car2Car-Anwendungen definitiv Geld verdienen, wenn man einen glasklaren Kundennutzen schafft wie dieses Gefahrenwarnsystem. Ich kann mir nicht vorstellen, dass Leute das nicht kaufen, wenn man gut kommuniziert: Es reduziert sich die Zahl der Auffahrunfälle um so und so viel – und zwar nicht allgemein kommuniziert, sondern: Für Sie reduziert sich die Gefahr, in einen Unfall verwickelt zu sein. Sie können so und so viele Tausend Kilometer unfallfrei fahren als normalerweise etc. Dann kann man das verkaufen."
(siehe Experteninterview mit DR. BEIER vom 26. Juli 2007, Anhang S. 144)

Damit die von DR. BEIER angesprochenen Gefahrenwarnsysteme verlässlich funktionieren, ist eine Durchdringung von zehn Prozent Voraussetzung *(siehe Tabelle 2, Kapitel 4.2.2)*. Bevor diese Schwelle nicht übersprungen wird, können sicherheitskritische Car2X-Dienste nicht verkauft werden. Ein direkter Ergebnisbeitrag aus dem Verkauf kann für Automobilhersteller also nur mit Verspätung realisiert werden. Dies impliziert wiederum, dass hohe Investitionen lange im Voraus zu tragen sind – im Falle von Audi ca. 9,8 Mio. Euro pro Jahr, wie im vorherigen Kapitel aufgezeigt wurde. Diese Vorinvestitionen sind jedoch für Audi nur dann sinnvoll, wenn es geschafft wird, den Mutterkonzern VW mit ins Boot zu holen. Nur wenn der gesamte VW-Konzern seine Gesamtproduktion serienmäßig mit dem Basismodul ausstattet, stellt sich die erforderliche Durchdringung von fünf bzw. von zehn Prozent innerhalb eines annehmbaren Zeitraumes von zwei bzw. vier Jahren ein. Das bedeutet also, dass die Kosten für die Ausrüstung mit dem Basis-Kommunikationsmodul mindestens zwei Jahre vorfinanziert werden müssen, bevor mit einem direkten Ergebnisbeitrag zu rechnen ist.

Zusätzlich zu diesem verspäteten Investitionsrückfluss gesellt sich die fragwürdige Zahlungsbereitschaft des Kunden als Problem: Diese stufen Sicherheitssysteme wie Gefahrenwarner zwar als überaus wichtig ein. Gleichzeitig setzen potenzielle Autokäufer jedoch auch die bestmögliche Sicherheit beim Autokauf für sich und ihre Angehörigen förmlich voraus. Aufgrund dieser selbstverständlichen Erwartungshaltung, bereits das beste Sicherheitssystem bei einem Autokauf im Fahrzeug integriert zu haben, sind Kunden laut der EU-Studie *"Use of Intelligent Systems in Vehicles"* aus dem Jahr 2006 nicht gewillt, für einen zusätzlichen Sicherheitsgewinn Geld auszugeben. (vgl. o.V. 2006c, S. 56)

Deshalb muss es im Interesse eines Automobilherstellers liegen, einen Anreiz für seine Kunden zu schaffen, sich Sicherheits- und Mobilitätsdienste trotz damit verbundener Kosten ins Fahrzeug zu holen. Der vielversprechendste Anreiz für den Kunden, die für die Anschaffung von Car2X-Diensten entstehenden Investitionen zu tätigen, ist die Amortisation der Ausgaben innerhalb eines bestimmten Zeitraums.

Wie bereits im *Kapitel 1.1* einleitend angeführt, lassen sich laut einer Studie des *Deutschen Instituts für Wirtschaftsforschung* 60 % aller Unfälle im Straßenverkehr durch Car2X-Sicherheitsdienste vermeiden. Dieses Potenzial macht auf zwei Stakeholder aufmerksam, die ein überdurchschnittliches Interesse an einer Verringerung der Unfallzahlen haben und deshalb einen Anreiz für

Car2X-Nutzer in Form einer monetären Belohnung aussetzen könnten: *Versicherer* und die *öffentliche Hand*.

Erklärtes Ziel eines Automobilherstellers muss es sein, dass seine Kunden die bei einem Kauf von Car2X-Diensten getätigten Ausgaben zumindest teilweise durch Dritte zurück erhalten. Vorstellbar ist, dass Versicherer und die öffentliche Hand die Markteinführung von Car2X in Form von reduzierten Versicherungsprämien bzw. gewährten Steuerbegünstigungen querfinanzieren.

Wie das *Kapitel 3.4.2.3* zeigte, erlauben es innovative Sicherheitstechnologien, Risiken und die damit verbundenen finanziellen Schäden verursachungsgerecht zuzuweisen oder überhaupt zu vermeiden. Im zweiten Fall bedeutet das für Versicherer weniger Schadenszahlungen und damit geringere Ausgaben. Diesen finanziellen Vorteil geben Versicherungen an ihre Kunden weiter und finanzieren dadurch die Einführung von Car2X mit – soweit die Kernidee. Beim bereits vorgestellten Tracking mittels GSM und GPS ist die festgestellte Win-Win-Situation verschiedensten Versicherern aus England, Österreich und Deutschland immerhin eine **Prämienreduktion** zwischen **20 und 35 %** wert. Auch bei Car2X ist ein dauerhafter Prämiennachlass in diesem Bereich vorstellbar, und zwar für jene Autofahrer, die im Straßenverkehr bereits mit Car2Car- und Car2Infrastructure und deshalb sicherer unterwegs sind.

Die öffentliche Hand hat im Vergleich zu Versicherern noch zusätzliche Interessen, die durch Car2X befriedigt werden können: Neben der Vermeidung von sechs von zehn Unfällen sind insbesondere die EU und ihre 27 Mitglieder an einer Reduzierung des durch Verkehrsineffizienz verursachten volkswirtschaftlichen Schadens interessiert: Staus, Stop&Go-Wellen sowie Suchverkehr führen – *wie bereits in der Einleitung erwähnt wurde* – allein in Deutschland zu einem *„unnötigen Kraftstoffverbauch"* von 33 Mio. Litern sowie zu einem Zeitverlust von 13 Mio. Stunden täglich. Diese Werte resultieren in einen volkswirtschaftlichen Schaden von **250 Mio. Euro** pro Tag *(siehe Kapitel 1.1)*. Vorausgesetzt Car2X schafft es, mit intelligenten Navigationsdiensten wie oben etwa 60 % der Kosten zu vermeiden, dann ergeben sich für die Allgemeinheit Einsparungen in Höhe *von 150 Mio. Euro* täglich.

Aus diesem Verständnis heraus erscheint es denkbar, dass die öffentliche Hand einen Anreiz in Form eines Steuernachlasses für die Verwendung von Car2X-Sicherheits- und Mobilitätsdiensten stiftet: Beispielsweise erhalten in Deutschland derzeit jene Autofahrer einen einmaligen Bonus in Höhe von **330 Euro** auf die Kfz-Steuer, die ihr Diesel-Fahrzeug innerhalb der nächsten drei Jahre mit einem Partikelfilter nachrüsten (vgl. Berger, 6. August 2007: 21, Fahrverbote "löchrig wie Schweizer Käse", Financial Times Online, http://www.ftd.de/politik/deutschland/:Fahrverbote%20Schweizer%20K%E4se/234611.html). Eine ähnliche Summe ist auch bei Car2X als Steuerbegünstigung vorstellbar. Dadurch und zusammen mit der von Versicherern gewährten Prämienreduktion kann ein starker Anreiz für Kunden geschaffen werden, ein Fahrzeug mit Car2X-Sicherheits- und Mobilitätstechnologien zu kaufen bzw. bereits vorhandene Fahrzeuge nachzurüsten. Dies führt wiederum zu einem direkten Ergebnisbeitrag für den Automobilhersteller, der jedoch wie schon erwähnt zur Amortisation der Vorinvestition ausreichen wird.

Aufgrund der zeitlichen Verzögerung, bis sich ein möglicher *"Return on Invest"* über direkte Ergebnisbeiträge einstellt, wird in weiterer Folge nach anderen Möglichkeiten gesucht, mit Car2X Wertschöpfung zu erwirtschaften. Aus diesem Grund widmet sich das nächste Kapitel dem Potenzial, das Car2X über indirekte Ergebnisbeiträge in sich birgt.

4.4.2 Indirekter Ergebnisbeitrag

Folgende drei Potenziale wurden identifiziert, um einen indirekten Ergebnisbeitrag durch Car2X zu erzielen:

- *Customer Relationship Management*
- *Vehicle Relationship Management*
- *Car2Production*

Das Marketing-Instrument **Customer Relationship Management** *(CRM)* hat bei einem Automobilhersteller die Funktion, potenzielle Kunden emotional an die Marke zu binden, sodass sich diese beim Autokauf oder beim Erwerb von Original-Ersatzteilen und Accessoires für eine bestimmte Marke entscheiden.

Während heutige CRM-Ansätze lediglich von durchschnittlich **1,2 Kontakten** pro Jahr und Kunde ausgehen, kann Car2X-basiertes CRM zu einer Verbesserung der Kundenbeziehungen sowohl in quantitativer als auch qualitativer Hinsicht beitragen (vgl. Soliman et al. 2002, S. 11).

In diesem Zusammenhang eröffnet Car2X einem Automobilhersteller *mit **Ferndiagnose-Daten** über den Zustand des Fahrzeugs und **nutzungsspezifischen Informationen über Kunden*** großes Potenzial, sein CRM zu optimieren:

- *Vermehrter und direkter Kontakt zum Hersteller ermöglicht gezielte Informationskampagnen. Diese werden zielgruppenorientiert nur an jene adressiert, die auch wirklich betroffen sind. Dies reduziert den Streuverlust von Botschaften erheblich und damit auch die Kosten für wirkungslose Post..*

- *Detaillierte Daten über das Nutzungsverhalten sind nicht nur für Versicherer, sondern auch für jede Marktforschungsabteilung eines Automobilherstellers von Relevanz und führen insgesamt zu einem verbesserten Kundenverständnis.*

- *Zusätzliche Servicedienstleistungen wie Erinnerungsnachrichten für anstehende Services oder Wartungsarbeiten lassen sich mit geringem Aufwand realisieren, erzielen aber eine große Wirkung beim Kunden.*

- *Sind Software-Updates verfügbar, kann innerhalb von Sekunden die Firmware auf den neuesten Stand gebracht werden. Dies ist zukünftig wohl auch notwendig, da immer mehr Funktionen im Kraftfahrzeug durch komplexe elektronische Komponenten gesteuert werden und damit ähnlichen Update-Notwendigkeiten unterliegen wie ein PC.*

- *Service-Werkstätten könnten Car2X nicht nur zur Ferndiagnose nutzen, sondern auch für den Versand von Werbeinfos, zB Angebote über neue Winterreifen oder Accessoires fürs Fahrzeug. Dies muss vorher mit Kunden vereinbart werden, ähnlich der Zustimmung zu Newslettern in anderen CRM-Bereichen.*

- *Pannendienste erhalten beim Auslösen eines Notrufes direkt Informationen über das Schadensbild im Fahrzeug. Dank der Ferndiagnose treffen sie gleich mit dem richtigen Werkzeug und den benötigten Ersatzteilen ein, wodurch Zeitaufwand und Kosten minimiert werden.* (vgl. Matheus/Morich/Lübke 2004, S. 15)

- Last, but not least: *Zusätzliche Verkaufsmöglichkeiten im Aftermarket-Bereich bei Original-Ersatzteilen und Accessoires* (vgl. Matheus/Morich 2004, S. 87 f).

All diese aufgezeigten Verbesserungen führen zu einer höheren Bindung des Kunden an die Marke und damit zu einem optimierten CRM, womit eine langfristige Absicherung von Gewinnen einher geht. Die völlig neue Qualität der Informationen aus nutzerspezifischer Datenerhebung und Ferndiagnose beinhaltet für Automobilhersteller laut einer Studie der internationalen Management- und Technologieberatung *Booz Allen Hamilton* ein Potenzial zur Kosteneinsparung von **387 Euro** pro Fahrzeug, allerdings über einen Lebenszyklus von zehn Jahren (vgl. Soliman et al. 2002, S. 11 f).

„This amount should warrant VMs' [Vehicle Manufacturers'] attention. ... Seizing this opportunity requires a mindset change in current practices. Moving away from spending substantial budgets on mass marketing around the brand, particular car lines, or specific campaigns, towards individual relationship marketing ... ." (Soliman et al. 2002, S. 14). Ein Umdenken der Automobilhersteller weg von unpersönlichen und meist wenig erwünschten Massenaussendungen hin zu einer individuellen Kommunikation und Interaktion mit dem Kunden liefert also ein beträchtliches finanzielles Potenzial. Grundvoraussetzung dafür sind automobile Kommunikationstechnologien wie Car2X. Erst ihr Vorhandensein ermöglicht eine Optimierung des CRM. Die Problematik liegt jedoch in den Datenschutzbestimmungen, die sicherstellen, dass nutzungsrelevante Daten nur nach ausdrücklicher Zustimmung des Kunden verwendet werden dürfen. Dieser könnte, zB bei Vertragsabschluss für den Autokauf, sein OK geben, weil die durch die erhobenen Daten zu erwartenden Qualitätsverbesserungen auch in seinem Interesse liegen. (siehe Experteninterview mit Dr. Matheus vom 27. Juli 2007, Anhang S. 173)

Aber nicht nur der Kunde, sondern auch das bereits verkaufte Automobil kann dank Car2X näher an den Hersteller gebunden werden. Abgeleitet von CRM stellt das **Vehicle Relationship Management** *(VRM)* ein völlig neues Betätigungsfeld für Automobilhersteller dar. Die erst durch den Einsatz von Car2X realisierbare Ferndiagnostik führt zu optimierten Produktions- und Gewährleistungsprozessen. *Booz Allen Hamilton* errechneten in ihrer Studie diesbezügliche Einsparungen in Höhe von **144 Euro** pro Fahrzeug über einen Zeitraum von zehn Jahren (vgl. Soliman et al. 2002, S. 13):

- *Automobilhersteller werden durch VRM in die Lage versetzt, die übermittelten Daten hinsichtlich Fahrverhalten, Abnutzung und Fahrumgebung auszuwerten. Das neu generierte Wissen kann in die Entwicklung der nächsten Fahrzeuggeneration bis in die Lieferantenwahl einfließen und somit zu einer Optimierung verschiedenster **Produktionsprozesse** beitragen.*

- *Technische und elektronische Fehler lassen sich durch ein Car2X unterstütztes **Gewährleistungsmanagement** früher als sonst flächendeckend feststellen. Das Automobil ist verlässlicher, weil gegenwärtige und zukünftige Probleme exakter diagnosziziert bzw. vorausgesagt und damit effizienter behoben werden können. Dies führt zu Kosteneinsparungen durch geringere Gewährleistungsrückstellungen für Schadensfälle und Qualitätsmängel, zB bei Rückrufaktionen.* (Soliman et al. 2002, S. 7 f)

Zusammenfassend ermöglichen VRM und CRM, dass Automobilhersteller laufend Informationen über den Zustand des Fahrzeugs und das Fahrverhalten seines Nutzers erhalten. Dadurch können Produkte effizienter entwickelt und Sicherheitsmängel schneller behoben werden, was nachhaltig zu einer gesteigerten Kundenzufriedenheit beiträgt. Dies mündet in einer über zehn Jahre verteilte Wertschöpfung von insgesamt **531 Euro** pro Fahrzeug, die durch CRM- und VRM-Maßnahmen möglich ist und laut *Booz Allen Hamilton* sogar *"konservativ"* kalkuliert wurde. Zudem ist das Fahrzeug verlässlicher, weniger fehleranfällig und auch seine Wartung ist kostengünstiger. Dies führt zusätzlich zu einem höheren Markenwert, sodass Kunden bereit sein könnten, einen höheren Preis für das durch Car2X optimierte Produkt Automobil zu bezahlen, wodurch auch der direkte Ergebnisbeitrag für Car2X steigen würde. (Soliman et al. 2002, S. 13)

Ein weiteres Einsparpotenzial wurde in der Fertigung lokalisiert. Während VRM Ingenieurs- und Entwicklungsprozesse optimieren kann, bezieht sich **Car2Production** in erster Linie auf das Testen elektronischer Komponenten bei der Fertigung von Fahrzeugen. Hierfür wird schon heute WLAN eingesetzt, jedoch nicht als fix installiertes Gerät, sondern als extra WLAN-Unit, die für den Testvorgang ein- und ausgesteckt werden muss. DR. MATHEUS beziffert dabei das Einsparungspotenzial mit **4,85 Euro**[15] pro Fahrzeug. Voraussetzung dafür ist, dass statt der extra WLAN-Unit das serienmäßig ins Fahrzeug integrierte Basismodul auch für das Testen der elektronischen Komponenten während des Fertigungsprozesses verwendet wird. (vgl. Matheus/Morich 2005b, S. 5 ff)

Insgesamt ergeben sich damit indirekte Ergebnisbeiträge in der Höhe von **531 Euro** *(CRM und VRM)* pro Fahrzeug über eine Dauer von zehn Jahren sowie **4,85 Euro** *(Car2Production)* einmalig pro Fahrzeug. Während die Kosteneinsparung durch Car2Production bei jedem neu produzierten Fahrzeug mit Basismodul entsteht, fällt jene bei CRM und VRM für den gesamten verkauften Car2X-Fahrzeugbestand an. Hochgerechnet auf die Anzahl an Neuzulassungen aus dem Jahr 2006 ergibt sich für Audi und VW folgende Erlös-Situation:

Erlös-Situation bei Audi & VW

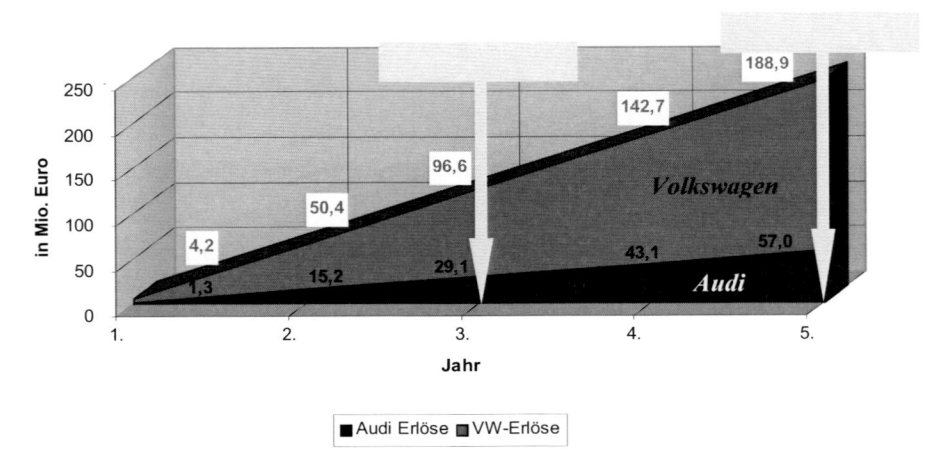

Jahr	Audi Erlöse	VW-Erlöse
1.	1,3	4,2
2.	15,2	50,4
3.	29,1	96,6
4.	43,1	142,7
5.	57,0	188,9

(in Mio. Euro)

---

[15] Dieser Betrag wurde im Rahmen der Studie „*Exploitation of the Vehicle Inherent C2CC Interface by the Car Manufacturer*" von DR. MATHEUS für das VW-Werk in Wolfsburg kalkuliert. Aufgrund der weitgehenden Standardisierung beim Testen von elektronischen Komponenten innerhalb des VW-Konzerns wird in Folge auch für die Audi Werke in Ingolstadt, Neckarsulm und Brüssel von einem ähnlich hohen Einsparungspotenzial ausgegangen.

Abbildung 22: *Ab dem dritten sowie nochmals ab dem fünften Jahr ergeben sich bei einem Alleingang des VW-Konzerns zusätzliche Erlöse aus dem möglichen Verkauf von Car2X-Diensten, worauf die gelben Pfeile mit dem Titel „Direkter Ergebnisbeitrag" hinweisen.*

Die Kosteneinsparungen durch CRM und VRM ergeben in *Abbildung 22* einen steigenden indirekten Ergebnisbeitrag ab dem ersten Jahr der Markteinführung. Dies ist deswegen der Fall, weil der mit Basis-Kommunikationsmodulen ausgestattete Fahrzeugbestand bei einer Serienimplementierung jedes Jahr wächst.

Indirekte Ergebnisbeiträge stellen sich bei CRM und VRM – *genau wie beim direkten Ergebnisbeitrag* – erst mit Verspätung ein: Frühestens ein Jahr nach Start der serienmäßigen Ausrüstung mit Basis-Kommunikationsmodulen kann mit einem Ergebnisbeitrag durch CRM und VRM gerechnet werden, weil dieser erst nach dem Verkauf der Fahrzeuge ab ihrer Nutzung wirksam wird. Die über zehn Jahre anfallenden *531 Euro* pro Fahrzeug werden dabei auf die verbleibenden Jahre aufgeteilt.

Dem gegenüber kann bei Car2Production mit einer einmaligen Ersparnis sofort nach der Integration des Basismoduls kalkuliert werden, wodurch bereits im ersten Jahr ein indirekter Ergebnisbeitrag von *1,3 bzw.* **4,2 Mio. Euro** für Audi und VW entsteht, wie das Diagramm oben gezeigt hat. Wie das genaue Endresultat aussieht und in welchem Verhältnis die Einsparungen zu den Kosten stehen, die bei einer Serienimplementierung des Basis-Kommunikationsmoduls anfallen, darüber gibt das nächste Kapitel Aufschluss.

5 Ergebnisse der Arbeit

5.1 Gewinn- und Verlust-Situation

Wie das vorherige Kapitel gezeigt hat, liefern Kostensenkungen über *CRM, VRM und Car2Production* einen beträchtlichen indirekten Ergebnisbeitrag und damit einen echten Anreiz für die Markteinführung von Car2X. Doch wie stehen diese Erlöse den anfallenden Kosten im Detail gegenüber? Die folgende Abbildung bringt die Gewinn- und Verlust-Situation näher:

Gewinn/Verlust-Situation bei Audi & VW

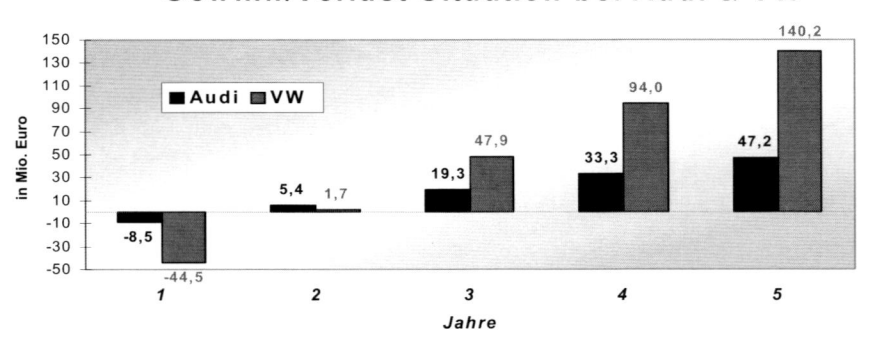

Jahr	Audi	VW
1	-8,5	-44,5
2	5,4	1,7
3	19,3	47,9
4	33,3	94,0
5	47,2	140,2

(in Mio. Euro)

Abbildung 23: *Im ersten Jahr hat der VW-Konzern bei einer Markteinführung von Car2X Vorinvestitionen in der Höhe von insgesamt 53 Mio. Euro zu tragen. Im zweiten Jahr übertreffen die Erlöse aus dem indirekten Ergebnisbeitrag bereits die Kosten, welche bei der Serienimplementierung des Basis-Kommunikationsmoduls entstehen.*

Investitionen in der Höhe von **8,5** *(Audi)* bzw. **44,5 Mio. Euro** *(VW)* müssen im ersten Jahr vorfinanziert werden. Ab dem zweiten Jahr übersteigen die aus CRM, VRM und Car2Production resultierenden indirekten Ergebnisbeiträge die Kosten: Zu Beginn nur um *5,4 (Audi)* bzw. *1,7 Mio. Euro (VW)*, im dritten Jahr bereits um *19,3* bzw. *47,9 Mio. Euro*, wobei diese Erlöse weiter stark steigen, wie *Abbildung 22* im Kapitel zuvor veranschaulicht hat.

Das bedeutet, dass Audi auf Basis der zuvor aufgezeigten Gewinn- und Verlust-Situation bereits **2,2 Jahre** nach dem Start der Markteinführung den *Break-Even-Point* (BEP) erreicht und ab diesem Zeitpunkt jährlich sein Betriebsergebnis rein durch Car2X erhöhen könnte – und das ganz ohne Einbeziehung eines direkten Ergebnisbeitrages. Dieser kann durch den Verkauf von intelligenten Navigationsdiensten frühestens nach zwei Jahren und für Gefahrenwarndienste frühestens nach vier Jahren realisiert werden *(siehe Abbildungen 18 und 22)*. Zu diesen Zeitpunkten werden unter Annahme des Szenarios *"Alleingang des VW-Konzerns"* die beiden Durchdringungsschwellen in Höhe von fünf bzw. zehn Prozent erreicht.

Ähnlich sieht die Situation bei der Konzernmutter VW aus. Doch wegen der pro Fahrzeug um die Hälfte höheren Kosten, die aufgrund der im Vergleich zu Audi niedrigeren Ausstattungsrate mit Navigationssystemen zu tragen sind *(siehe Kapitel 4.2.2)*, ergibt sich wie im ersten Vorfinanzierungsjahr auch für die weiteren Jahre ein im Verhältnis niedrigerer indirekter Ergebnisbeitrag als beim Ingolstädter Tochterunternehmen. Laut einer Hochrechnung würde VW damit etwas später in die Gewinnzone kommen und zwar nach **2,8 Jahren** ab Markteinführung.

Ohne VW bleibt der im *Kapitel 4.3.2.1* ausführlich thematisierte Alleingang des gesamten VW-Konzerns inklusive Audi jedoch ausgeschlossen. Deshalb müssen sich zukünftige Arbeiten zu diesem Thema vor allem mit den Gewinnmöglichkeiten beschäftigen, die der direkte Ergebnisbeitrag bietet. Dieser kann ab einer gewissen Höhe den *BEP* von VW verkürzen. Damit wäre auch für den Wolfsburger Automobilhersteller ein noch deutlicherer Anreiz gegeben, die hohen Vorinvestitionen, die im ersten Jahr allein für VW *44,5 Mio. Euro* ausmachen, zu tätigen.

Auch für Audi besitzt der direkte Ergebnisbeitrag viel Potenzial: Schließlich kann nach frühestens zwei Jahren ein Verkauf von ersten Car2X-Diensten das Betriebsergebnis von Audi noch kräftiger wachsen lassen, als das derzeit über den indirekten Ergebnisbeitrag nach 2,2 Jahren der Fall ist. Zusätzlich zum zukünftigen Gewinnpotenzial aus dem direkten Ergebnisbeitrag kommen noch die steigenden Ausstattungsraten bei Navigationssystemen: *Audi +26,5 % und VW +32,6% (Zeitraum 2005 bis 1. Halbjahr 2007).* Zusammengefasst bedeutet dies, dass in Zukunft sowohl mit sinkenden Kosten als auch mit steigenden Erlösen zu rechnen ist: Einerseits reduziert die kontinuierlich wachsende Ausrüstungsrate von Navigationssystemen die Ausgaben für das Basismodul. Andererseits ergibt sich durch den ab dem zweiten Jahr möglichen Verkauf von Car2X-Funktionen ein direkter Ergebnisbeitrag zusätzlich zum indirekten.

Die *Abbildung 24* beweist nochmals grafisch, dass sowohl für Audi als auch für VW ein Alleingang mit dem Konzern im Rahmen einer frühen Markteinführung von Car2X durchaus sinnvoll ist und bereits nach *2,2 bzw. 2,8 Jahren* das Betriebsergebnis von Audi und VW gesteigert werden kann. Damit ist die dritte und letzte Forschungshypothese dieser Arbeit **"Die AUDI AG kann mit der Markteinführung von Car2X ihr Betriebsergebnis erhöhen"** verifiziert.

Gewinn/Verlust-Verlauf bei Audi & VW

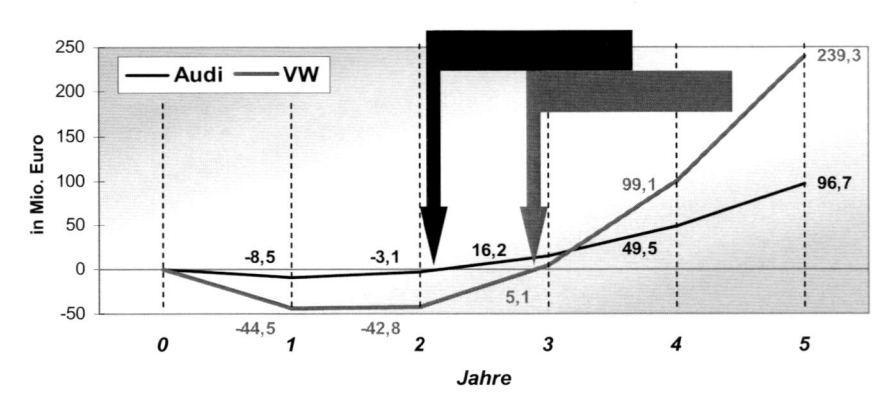

Abbildung 24: *Den Break-Even-Point (BEP) erreicht Audi nach 2,2 und VW nach 2,8 Jahren.*

5.2 Idealtypische vs. realistisch-flexible Markteinführung

Wie die drei in *Kapitel 4.3.2* gezeigten Szenarien Aufschluss gegeben haben, erscheint die Variante *"Alle C2C-CC Mitglieder"* am wünschenswertesten: Wenn eine Einigung aller acht Mitglieder des C2C-CC erzielt wird, gemeinsam und gleichzeitig die Markteinführung von Car2X zu starten, kommt auf diesem Weg die Mindestdurchdringung für Mobilitäts- und Sicherheitsdienste am schnellsten zustande. Selbst hohe Durchdringungsschwellen von 25 und 50 % liegen dann nicht mehr völlig außer Reichweite. *Abbildung 23* verdeutlicht grafisch, warum dieses Szenario die ideale Wunsch-Einführungsvariante ist:

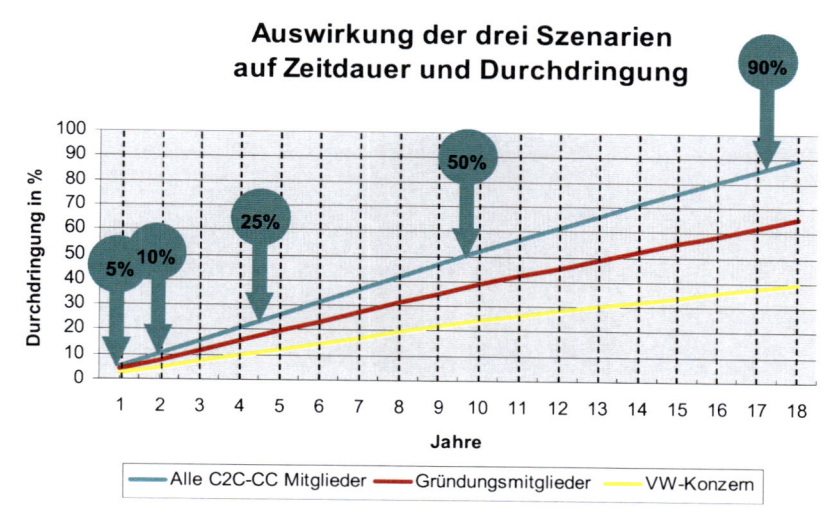

Abbildung 25: *Die drei Szenarien im direkten Vergleich zeigen grafisch, dass die Variante "Alle C2C-CC Mitglieder" das idealtypischste Einführungsszenario ist, mit der die Durchdringung am schnellsten erreicht werden kann*

Nach nur einem Jahr wird bei einem Schulterschluss aller C2C-CC Mitglieder die erste Durchdringungshürde übersprungen. Ein knappes Jahr später werden zehn Prozent Verbreitung erreicht. Die 50 %-Schwelle benötigt 9,6 Jahre Zeit. Aus heutiger Sicht erscheint eine zukünftige Durchdringung von 90 % unrealistisch, weil sie mit einer Dauer von 17,2 Jahren nahezu den gesamten Lebenszyklus eines Fahrzeugs in Anspruch nimmt. Mit Car2X-Modulen ausgerüstete

Fahrzeuge, würden demnach stillgelegt werden, noch bevor die 90 % Durchdringung erreicht wird.

Wie bereits in dieser Arbeit diskutiert wurde, ist eine Einigung aller C2C-CC Mitglieder auf eine gemeinsame Markteinführung von Car2X derzeit nicht in Sichtweite. Aufgrund der Zugehörigkeit zum größten Automobilhersteller Deutschlands ist Audi als einziger Premiumhersteller in der Lage, Car2X gemeinsam mit dem Mutterkonzern VW innerhalb eines annehmbaren Zeitrahmens einzuführen. Einerseits, weil flexible Entscheidungen innerhalb eines einzigen Konzerns schneller und flexibler getroffen werden können, als zwischen vier bzw. acht Automobilherstellern. Andererseits weil sich für Audi und VW mit einem Alleingang die lukrative Chance bietet, einen Konkurrenzvorsprung beim Zukunftsfeld automobile Kommunikationstechnologien herauszuarbeiten. Ganz nach dem Markenslogan *"Vorsprung durch Technik"* wäre Audi der erste Premiumhersteller, der Car2X-Dienste im größten Automarkt Europas anbietet.

Der Vorsprung durch den Ersteinsatz von Mobilitäts- *(nach zwei Jahren)* und Sicherheitsdiensten *(nach vier Jahren)* führt zu einem frühen Kundennutzen in punkto effizienterer Mobilität und Verbrauchsminderung sowie erhöhter Sicherheit im Straßenverkehr. Dieses gestärkte Image differenziert Audi und VW von ihrer Konkurrenz und schafft ein echtes Alleinstellungsmerkmal *(USP)* am Heimatmarkt Deutschland, von wo aus nach erfolgreicher Umsetzung die Ausweitung des bewährten Systems auf weitere Märkte in Angriff genommen werden kann. Neben den Chancen aus einem Alleingang im Konzern soll an dieser Stelle aber auch auf die damit verbundenen Risken aufmerksam gemacht werden: Der Gefahr, dass Car2X-Kommunikationstechnologien wegen einer zu raschen Entscheidung ohne Standardisierung auf den Markt kommen und deshalb mit jenen anderer Automobilhersteller inkompatibel sind, muss rechtzeitig begegnet werden. Wichtig in diesem Zusammenhang ist, dass die verbauten Basismodule nicht nur mittelfristig, sondern langfristig für einen Zeitraum von ca. 20 Jahren konzipiert werden. Bevor nicht in Europa die Funkfrequenz von 5,9 Ghz für sicherheitskritische Car2X-Dienste zugewiesen und diese innerhalb des C2C-CC standardisiert worden sind, erscheint ein Alleingang bei einer Markteinführung von Car2X wenig sinnvoll.

Erst wenn diese beiden Grundvoraussetzungen erfüllt sind, kann der VW-Konzern dank dem hohen Marktanteil von 32,64 % *(siehe Kapitel 4.3.2.1)* den Schritt zur alleinigen Markteinführung wagen. Diesem Szenario liegt die Annahme zugrunde, dass sich die beiden weiteren Gründungsmitglieder Daimler und BMW aufgrund ihrer Premiumstellung nur wenige Jahre nach Audi und VW dazu entschließen werden, ihre Neufahrzeuge ebenfalls mit dem Basis-Kommunikationsmodul auszustatten, um nicht völlig den Anschluss zu verlieren.

Der Vorsprung an Know-how kann während dieser Zeit bereits für die Entwicklung neuer Sicherheits-, Mobilitäts- und Komfortdienste genutzt werden, um sich gegenüber der Konkurrenz nicht nur einen zeitlichen Vorsprung, sondern auch einen klaren Wettbewerbsvorteil herauszuholen. In der folgenden Abbildung wird davon ausgegangen, dass die restlichen C2C-CC Mitglieder nach vier weiteren Jahren die Aufnahme der Serienausrüstung mit Car2X-Basismodulen anstreben. Zu diesem Zeitpunkt verkauft Audi und VW bereits seit zwei Jahren seine intelligenten Navigationsdienste und steht unmittelbar vor dem Startschuss zum Verkauf der ersten Gefahrenwarner.

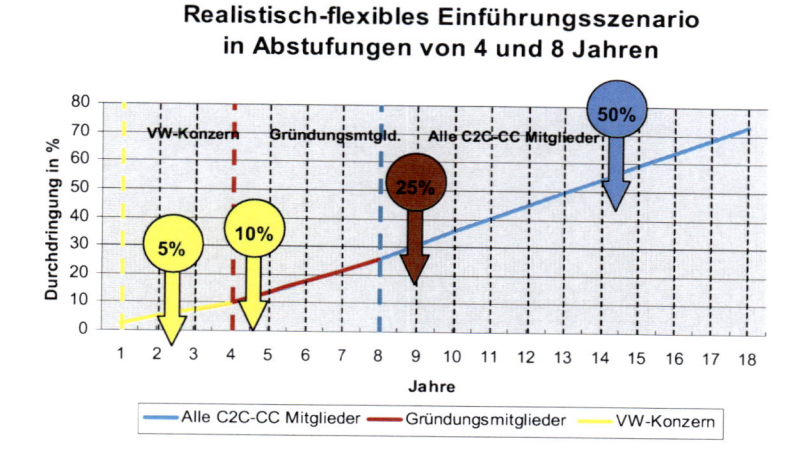

Abbildung 26: *Realistisch-flexibles Markteinführungsszenario*

Nach zwei Jahren erreicht der VW-Konzern fünf und nach vier Jahren zehn Prozent Durchdringung. Zu diesem Zeitpunkt stoßen BMW und Daimler dazu, wodurch die 25 %-Schwelle drei Jahre früher übersprungen wird, als bei einem Alleingang des VW-Konzerns. Nach 8 Jahren schließlich rüsten auch die verbliebenen vier C2C-CC Mitglieder ihre Neufahrzeuge mit Basismodulen aus, wodurch sich 50 % Durchdringung etwa 3,5 Jahre früher als im Szenario „*Gründungsmitglieder*" einstellen, und zwar nach ca. 13 Jahren.

6 Fazit und Ausblick

Der Mensch als weicher und die Technik als harter Erfolgsfaktor bilden die wichtigsten Voraussetzungen für eine Markteinführung von Car2X. Potenzielle Kunden wollen in erster Linie Dienste, die sie direkt beim Fahren unterstützen. Die höchste Akzeptanz erreichen Car2Car und Car2Infrastructure – also Sicherheits- und Mobilitätsdienste. Sie werden von zwei Drittel der Befragten als nützlich erachtet, was sich auch mehrheitlich in den durch eine EU-Studie ermittelten Anschaffungswunsch beim nächsten Fahrzeugkauf manifestiert.

Die am meisten akzeptierten und gewünschten Dienste sind jedoch aus technischer Sicht auch am schwierigsten zu verwirklichen: Car2Car und Car2Infrastructure unterliegen Netzwerkeffekten, weshalb der Top-Down-Ansatz als bisherige Einführungsstrategie für Innovationen unbrauchbar ist. Aus diesem Grund wurden zwei alternative Lösungswege erarbeitet, um die technische Durchdringung mit Kommunikationsmodulen mittelfristig zu erreichen und auf die Forschungsfrage – **wie kann die AUDI AG Car2X-Dienste in den Markt einführen?** – eine befriedigende Antwort zu geben.

Die zwei entworfenen Ansätze mit insgesamt fünf denkbaren Szenarien zielen in erster Linie auf den Schwerpunkt Car2Car und Car2Infrastructure. Eine Einführung durch die öffentliche Hand ist derzeit weder als direkte noch als indirekte Regulation in Sichtweite. Es bleibt der kommerzielle Ansatz der Serienausstattung, der zwar den Automobilherstellern hohe Vorinvestitionen abverlangt, aber dafür die notwendige Verbreitung von Kommunikationsmodulen in einem absehbaren Zeitraum sicherstellt. Das verblüffendste Ergebnis in diesem Zusammenhang ist zweifellos das theoretische Potenzial von Audi und VW, die Einführung von Car2X autonom als Konzern vorantreiben zu können. Zumindest in der Startphase der ersten vier Jahre sind Mutter- und Tochterunternehmen dank ihres hohen Marktanteils nicht in dem Ausmaß von den Mitbewerbern abhängig, wie bisher immer angenommen wurde oder wie dies umgekehrt der Fall ist.

Vielmehr bietet sich für Audi die Chance, als erster Premiumhersteller überhaupt Car2X-Dienste auf den Markt zu bringen und sich damit ein Alleinstellungsmerkmal zu erarbeiten. Diese USP würde die VW-Tochter von der direkten Konkurrenz deutlich differenzieren und könnte somit ein wichtiger Schritt sein, dem ehrgeizigen Ziel näher zu kommen, 2015 der erfolgreichste Premiumhersteller der Welt zu sein. Zusätzlich birgt Car2X ein hohes Gewinnpotenzial für Audi und VW. Dem gegenüber steht aber wie bei jeder Innovation das Risiko, eine Fehlinvestition zu begehen.

Dass eines Tages auch die anderen Automobilhersteller Car2X-Dienste anbieten werden, versteht sich von selbst. Doch der mögliche Wettbewerbsvorsprung, der in dieser Ausprägung einzig und allein dem VW-Konzern aufgrund seiner Marktdominanz in Deutschland vorbehalten bleibt, wäre beträchtlich. Gleichzeitig besteht aber auch das Risiko, den Konkurrenten die notwendige Durchdringung praktisch kostenlos mitzuliefern, ohne dass diese Vorinvestitionen zu tätigen haben. Inwiefern der zeitliche Vorsprung an Know-how, der Imagegewinn aus der USP und das hohe Gewinnpotenzial nach bereits kurzer Zeit dieses Risiko rechtfertigen, ist zweifellos zu hinterfragen und in weiteren Forschungsanstrengungen zu klären. Dieser Punkt und einige weitere interessante Aspekte konnten in der Arbeit leider nicht berücksichtigt werden, einerseits aus Zeit-, andererseits aus Platzmangel aufgrund der begrenzten Seitenanzahl. Dazu gehören auch das exakte Erlöspotenzial aus dem Verkauf von Car2X-Diensten sowie die haftungsspezifischen und datenschutzrechtlichen Rahmenbedingungen.

Als kurzer Ausblick auf beide Aspekte erscheint es sinnvoll, sicherheitskritische Car2X-Dienste wie Gefahrenwarner nicht als Sicherheits-, sondern als *Komfortdienste* zu vermarkten. Damit werden einerseits etwaige Haftungsfolgen für Automobilhersteller vermieden und andererseits die Erwartung des Kunden nicht enttäuscht, die bestmögliche Sicherheit in seinem Automobil auch ohne einen hohen Aufpreis zu erhalten. Mit der Entwicklung eines idealtypischen und eines realistisch-flexiblen Markteinführungsszenarios wurde das Ziel dieser Arbeit erreicht, den strategischen Weg für die AUDI AG aufzuzeigen, wie Car2X-Dienste in den Markt eingeführt werden können. Zudem wurde die Gewinn- und

Verlust-Situation veranschaulicht und gegenübergestellt. Demnach erfordert die Markteinführung von Car2X hohe Vorinvestitionen, welche sich aber bei Audi bereits nach *2,2 Jahren* amortisieren. Von da an erhöht der Ingolstädter Premiumhersteller sein Betriebsergebnis jedes Jahr über den indirekten Ergebnisbeitrag. Aufgrund der höheren Kosten überspringt die Konzernmutter VW die Gewinnschwelle etwa sieben Monate später. Welchen Einfluss der direkte Ergebnisbeitrag hat, der theoretisch ab dem dritten Jahr nach der Markteinführung lukriert werden kann, muss noch genauer untersucht werden.

Zu beachten ist, dass die in dieser Studie aufgezeigten Werte nicht als exakte Kennzahlen, sondern ausschließlich als Richtwerte zu verstehen sind. Diese beziehen sich auf die Marktsituation von 2006 bzw. 2007 und wurden konservativ kalkuliert. Setzt sich der Trend aus den früheren Jahren fort, dann ist bei Car2X tendenziell mit fallenden Kosten zu rechnen. Zudem sind aus dem noch nicht berücksichtigten direkten Ergebnisbeitrag steigende Erlöse zu erwarten. Trotzdem ist es wichtig, darauf hinzuweisen, dass sich schon morgen viele Kennzahlen, auf deren Basis die dargestellten Ergebnisse gewonnen wurden, anders zusammensetzen könnten als das heute der Fall ist. Die Geschwindigkeit, mit der sich die Entwicklungsspirale im Hi-Tech-Sektor Automobilbau dreht, wird sich jedenfalls weiter erhöhen.

Sowohl DR. BEIER als auch DR. MATHEUS stimmen darin überein, dass die Konvergenz zwischen Automobil- und Kommunikationsbranche unaufhaltsam voranschreitet. Demnächst könnte das Handy neben seiner Vielfalt an Funktionalität auch über ein integriertes Navigationsgerät verfügen oder als intelligenter Autoschlüssel fungieren. Ein weiterer Hinweis auf diese Verschmelzung ist Car2X als automobiler Bestandteil einer durch und durch vernetzen Welt, welche MARK WEISER mit *Ubiquitous Computing* schon früh vorausgesagt hat. Wenn die AUDI AG ihrem Slogan **„Vorsprung ist der Mut, neue Ideen umzusetzen"** treu bleiben will, dann darf sie sich der bevorstehenden Allgegenwärtigkeit von Information und Kommunikation keinesfalls verschließen, sondern sollte im eigenen Interesse Zukunftstechnologien wie Car2X bewusst forcieren und verstärkt vorantreiben – auch dann, wenn damit hohe Vorinvestitionen verbunden sind.

Anhang

Literaturverzeichnis 111

Abbildungsverzeichnis 119

Tabellenverzeichnis 121

Abkürzungsverzeichnis 122

Leitfaden für das Experteninterview mit Dr. Beier 126

Transkript des Experteninterviews mit Dr. Beier 131

Leitfaden für das Experteninterviews mit Dr. Matheus 161

Transkript des Experteninterviews mit Dr. Matheus 165

Literaturverzeichnis

ADLER, Benjamin (2006): WiMAX vs UMTS – Eine Wirtschaftlichkeitsbetrachtung für kleine und mittelständische Unternehmen, Fachhochschule Berlin

BAUMANN, Ruedi (2006): Günstigere Prämien mit Blackbox http://www.roadcross.ch/de/alles/blackbox/millionen.php, in: Tages-Anzeiger, 16. November 2006

BEIER, Guido (2007): Customer Requirements and Acceptance of Car 2 X Communication, in: CAR2CAR Communication Consortium Forum Ingolstadt, 22. Mai 2007

BERGER, Annette (2007): Fahrverbote "löchrig wie Schweizer Käse", Financial Times Online, http://www.ftd.de/politik/deutschland/:Fahrverbote%20Schweizer%20K%E4se/234611.html, 6. August 2007

BROWN, John Seely (2001), Where Have All the Computers Gone? – in: Technology Review, Massachusetts Institute of Technology, Nr. 104, Jänner 2001

DELLANTONIO, Ingo (2005): GO – Das weltweit modernste Mautsystem, Competence Circle Österreichische Computer Gesellschaft, Wien, 7. Juni 2005

DERAËD, Pierre (2004): Mercer Study Automotive Safety Technology, Munich: Mercer Management Consulting, http://www.altassets.com/casefor/sectors/2005/nz6332.php, 6. Mai 2004

DIEKMANN, Andreas (2007): Empirische Sozialforschung – Grundlagen, Methoden, Anwendungen; Rowohlt Verlag, Hamburg

DIRNBACHER, Harald (2006): ASFINAG will Autobahnen mit mobilem WLAN intelligent machen, http://www.asfinag.at/index.php?module=Pagesetter&func=viewpub&tid=286&pid=7, 66. Newsletter der ASFINAG, 15. April 2006

EBERSPÄCHER, Jörg (2007): Das mobile Internet, die zweite Welle der mobilen Kommunikation, in: Wachstumsimpulse durch mobile Kommunikation; Springer-Verlag, Berlin-Heidelberg-New York

FELBERMEIR, Christian (2006): Evaluierung von Audi / Video Vernetzungstechnologien unter Berücksichtigung der Audi Kundenanforderungen, AUDI AG/Fachhochschule Ingolstadt, Abgabedatum: 14. August 2006

FELBERMEIR, Christian (2007): Audi Music Interface mit Car-2-PersonalEquipment – Erweiterungen zum SOP D4; AUDI AG Ingolstadt, 25. April 2007

FEYNMAN, Richard (1960): There's Plenty of Room at the Bottom. Engineering & Science (Caltech), Februar 1960. Wiederabdruck in: Journal of Microelectromechanical Systems: S. 60-66, März 1992

FLEISCH, Elgar/MATTERN, Friedemann (2005): Das Internet der Dinge – Ubiquitous Computing und RFID in der Praxis; Springer Verlag, Berlin-Heidelberg-New York

FREEMAN, R. Edward (1984): Strategic Management. A Stakeholder Approach; Verlag Pitman Publishing, Boston

GERSHENFELD, Neil (1999): When Things Start to Think; Henry Holt Verlag, New York

HACK, Günter (2007): Neuer Anlauf für GPS-Autoversicherung, in: Futurezone.ORF.at, http://futurezone.orf.at/business/stories/166400/, 22. Jänner 2007

HARA, Toshiaki/Koch André (2007): DSRC Demonstration in Smartway 2007, Technical Representative of Volkswagen Group in Tokyo, 29. Juni 2007

HARRER, Manfred (2007): Visions and business opportunities for Cooperative Systems, in: CAR2CAR Communication Consortium Forum Ingolstadt, 22. Mai 2007

HERRTWICH, Ralf (2005): Neue Entwicklungen der Telematik, in: Wachstumsimpulse durch mobile Kommunikation; Springer-Verlag, Berlin-Heidelberg

JÄÄSKELÄINEN, Juhani (2007): Research in Co-operative Systems in the EU's 6th and 7th Framework Programmes, in: CAR2CAR Communication Consortium Ingolstadt, 22. Mai 2007

JACQUEMART, Charlotte (2006): Wie man fährt, so muss man zahlen – Was in England funktioniert, wird jetzt in der Schweiz getestet, http://www.roadcross.ch/de/alles/blackbox/millionen.php, in: Neue Zürcher Zeitung, 22. Oktober 2006

KANWISCHER, Detlef (2002): Experteninterviews – die Erhebung, Verwaltung und Dekonstruktion von Expertenwissen, Universität Jena

KRAUS, Stephan (2007): EU-Kommission, FIA und Euro NCAP empfehlen: Kein Auto ohne ESP!, http://cities.eurip.com/modul/news/news/39992.html, 8. Mai 2007

KRISHNAN, Hariharan (2007): Status and Ongoing Activities in the USA: Focus on Government Projects, in: CAR2CAR Communication Consortium Forum Ingolstadt, 22. Mai 2007

LISCHKA, Konrad (2007): Surfer verschmähen Stadt-WLAN's, http://www.spiegel.de/netzwelt/web/0,1518,486889,00.html, 6. Juni 2007

MAKINO, Hiroshi (2006): Smartway Project Smartway Project – Cooperative Vehicle Highway Systems, National Institute for Land and Infrastructure Management

MATTERN, Friedemann (2003): Total vernetzt – Szenarien einer informatisierten Welt; Springer Verlag, Berlin-Heidelberg-New York

MATHEUS, Kirsten/MORICH, Rolf/LÜBKE, Andreas (2004): Economic Background of Car-to-Car Communication; bei: IMA 2004, Brunswick, Oktober 2004

MATHEUS, Kirsten/MORICH, Rolf (2004): NOW Network on Wheels Project Report, Business Model and Market Introduction, Part I: Concept, 15. November 2004

MATHEUS, Kirsten/MORICH, Rolf (2005a): NOW Network on Wheels Project Report, Business Model and Market Introduction, Part II: Costs and Recommendation, 30. Juni 2005

MATHEUS, Kirsten/MORICH, Rolf (2005b): Chances and Risks of Car-to-Car Communication for the Automotive Industry: Exploitation of the Vehicle Inherent C2CC Interface by the Car Manufacturer, 21. Juli 2005

MATHEUS, Kirsten/MORICH, Rolf/RADIMIRSCH, Markus (2005): Business Modell and Market Introduction, Final Presentation, Volkswagen Konzern

MATHEUS, Kirsten/MORICH, Rolf/PAULUS, Ingrid/MENIG, Cornelius/LÜBKE, Andreas/RECH, Bernd/SPECKS, Will (2005): Car-to-Car Communication – Market Introduction and Success Factors; HITS 2005, Hannover, Juni 2005

MATYS, Erwin (2005): Praxishandbuch Produktmanagement – Grundlagen und Instrumente; Campus Verlag, Frankfurt/New York

MÄURER, Dietrich Karl (2006): 1. Januar 1976: Einführung der Gurtpflicht, http://www.mdr.de/mdr-info/2343753.html, 1. Jänner 2006

MEIER, Klaus/LÜBKE, Andreas (2007): Is the performance of IEEE 802.11 WLAN sufficient in vehicular environments?, in: Car2Car Forum Ingolstadt, 23. Mai 2007

MERTENS, Yvonne T. (2007): Performance Evaluation of Car-to-Car Communication based on IEEE 802.11 Broadcast Mode, Department of Wireless Networks, RWTH Aachen

MORI, Masafumi (1999): Getting Around in Japan: The Status and Challenges of IST, http://www.tfhrc.gov/pubrds/marapr99/japan.htm, März/April 1999

MOORE, Gordon (1965): Cramming more components onto integrated circuits, in: Electronics, Nr. 38, S. 114 bis 117

MOORE, Gordon (1995): Lithography and the Future of Moore's Law, Proceedings of the SPIE, Nr. 2440, 20. Februar 1995

o.V. (2005): Pioneering Multi-Use Metro-Scale Wi-Fi City of Corpus Christi, Tropos Networks, Texas, Juni 2005

o.V. (2006a): Verkehr in Zahlen 2006/2007, Deutsches Institut für Wirtschaftsforschung (DIW); Deutscher Verkehrs-Verlag, Hamburg

o.V. (2006b): Extra safety, not extra prices for intelligent systems, say motorists, http://esafetysupport.org/en/news/news_archive_2006/%20extra_safety_ not_extra_prices_for_intelligent_systems_say_motorists.htm, 14. Dezember 2006

o.V. (2006c): Use of Intelligent Systems in Vehicles, Eurobarometer, Europäische Kommission, Dezember 2006

o.V. (2007a), Projektbeschreibung Invent, http://www.invent-online.de/de/_projekte.html, Abrufdatum 11. Juni 2007 o.V. (2007b): Malaga will "Wi-Fi-Welthauptstadt" werden, http://derstandard.at/?url=/?id=2813529, 28. März 2007

o.V. (2007c): Philadelphia ist bereit für die WLAN-Wolke, http://derstandard.at/?url=/?id=2924555, 24. Juni 2007

o.V. (2007d): Wenn sich Autos unterhalten, in: e-conomy, das wirtschaftsmagazin; Nr. 47, Juni 2007

o.V. (2007e): Europaweites Fahrzeug-Notrufsystem kommt frühestens 2010 – oder gar nicht?, http://www.heise.de/newsticker/meldung/93219, 24. Juli 2007

o.V. (2007f): Neuzulassungen Deutschland – Zeitraum 2004 bis 1. Halbjahr 2007 – aus DATAFORCE-Datenbank von Abteilung I/VI-14, Auszug vom 2. August 2007

o.V. (2007g): Volkswagen jagt Toyota, http://www.n24.de/auto/article.php?articleId=144664, 22. August 2007

o.V. (2007h): Die größte WiFi Community der Welt sucht nach der ersten deutschen WLAN-Stadt, in: PuntoLatino.eu, http://puntolatino.eu/index.php?option=com_content&task=view&id=119&Itemid=93, 11. Juli 2007

o.V. (2007i): VII Infrastructure Deployment Planning, Vehicle Infrastructure Integration Consortium, 21. Februar 2007

o.V. (2007j): Major Initiative Status Report, U.S. Department of Transportation, http://www.its.dot.gov/itsnews/fact_sheets/vii.htm, Jänner 2007

o.V. (2007k): Datenauszug von VW, Abteilung Marktplanung Deutschland, VDV-1/1, Auszug vom 10. August 2007 o.V. (2007l): Toll Collect – Fragen und Antworten, http://www.toll-colect.de/faq/tcrdifr004,7_allgemeines.jsp;jsessionid=02B5838F8C6291BC07CB0044D2478B75#hl3link2, Datenabruf vom 20. September 2007

o.V. (2007m): Mautsysteme Nutzfahrzeuge Maut, http://www.asfinag. at/index .php ?idtopic=195, Abrufdatum 12. August 2007

PANIATI Jeffrey F. (2003): Intelligent Safety Efforts in America, bei: 10th ITS World Congress, Madrid, November 2003

POLLACK, Karin (2006): Der Gott aus der Maschine, in: Der Standard, Forschung Spezial, 30. Jänner 2006

PROSKAWETZ, Karl-Oskar (2007): Press Information CAR2CAR Communication Consortium Forum Ingolstadt, 22. Mai 2007

PROSKAWETZ, Karl-Oskar (2004): Objectives & Organisational Structures, 1. Februar 2004

ROTTER, Eckehart (2007): Mit Fahrzeugkommunikation in die mobile Zukunft, http://www.kompetenznetze.de/navi/de/Innovationsregionen/frankfurt-rhein-main,did=164700.html, 25. Mai 2007

SCHULZ, Eva (2007): Am Steuer mit Big Brother, http://jetzt.sueddeutsche.de/texte/anzeigen/357582, in: Sueddeutsche.de, 23. Jänner 2007

SCHUMPETER, Joseph (1997): Theorie der wirtschaftlichen Entwicklung, unveränderter Nachdruck des 1934 erschienenen Erstlingwerkes, Verlag Duncker & Humblot, Berlin

WEISS, Christian (2007): Vorhabensbeschreibung Projekt, SIM – TD, Sichere Intelligente Mobilität – Testfeld Deutschland, 14. Mai 2007

SPECKS, Will/MEYER, Martin/PAULUS, Ingrid (2007): Einführungsstrategie des Konzerns für Car-to-Car Funktionen; AUDI AG Ingolstadt, 23. Mai 2007

SPECKS, Will/RECH, Bernd (2005): Car-to-X Communication, bei: Elektronik im Kraftfahrzeug; Baden-Baden, 6. bis 7. Oktober 2005

STEAD, Dominic (2006): Mid-term review of the European Commission's 2001 Transport White Paper, in: European Journal of Transport and Infrastructure Research, Nr. 4, 4. April 2006

SOLIMAN, Peter/TRUC, Francois/WILLIAMS, Thomas D./FISCHER, Axel (2002): The Future of Automotive Telematics, Booz Allen Hamilton

TAUSCHEK, Stefan (2006): Car Talk – Fahrzeuge kommunizieren, in: Automobilelektronik, April 2006

WATZLAWICK, Paul/BEAVIN, Janet H./JACKSON, Don D. (1969): Menschliche Kommunikation – Formen, Störungen, Paradoxien; Verlag Hans Huber, Bern et al.

WEISER, Mark (1991): The Computer for the 21st Century, in: Scientific American, Nr. 265(3)

Abbildungsverzeichnis

1 Klassifikation von Car2X-Diensten 18

2 Simulation von Car2Car-Kommunikation in einem städtischen Ballungsraum 21

3+4 Die vier deutschen Automobilhersteller, die 2002 das Car2Car Communication Consortium gegründet haben 22

5 2004 kamen vier weitere Automobilhersteller als gleichberechtigte Partner zum C2C-CC hinzu 22

6 Intelligente dynamische Netze in einer Modell- und in einer Straßendarstellung 26

7 Ausstattungsrate von Navigationssystemen mit Farbbildschirm bei ausgewählten Audi Modellen weltweit 30

8 Die Car2X-Märkte im Überblick 33

9 Öffentliche und kommerzielle Car2X-Stakeholder 40

10 Notwendiger Weg, um das Lissabon-Ziel zu erreichen 42

11 Privat-, Geschäfts- und Flottenkunden unterteilt nach der Anzahl an Neuzulassungen 53

12 Privat-, Geschäfts- und Flottenkunden unterteilt nach dem Verkehrsaufkommen 54

13 Computer-Visualisierung eines Verkehrsleitsystems, das auf eine WLAN-Teststrecke hinweist 56

14 Car2X-Dienste unterteilt in Komfort-, Sicherheits- und Mobilitätsdienste erwecken unterschiedliche Akzeptanzwerte 66

15 Intelligente Navigation und Gefahrenwarner nach Nützlichkeit und Anschaffungswunsch 68

16 Komponenten eines Car2X-Basis-Kommunikationsmoduls 76

17 Kontinuierlich mehr Audi Automobile werden
mit fest verbauten Navigationssystemen ausgestattet 78

18 Zeitdauer in Jahren, bis der VW-Konzern
die jeweiligen Durchdringungsschwellen erreicht 84

19 Zeitdauer in Jahren, bis die Gründungsmitglieder des C2C-CC
die jeweiligen Durchdringungsschwellen erreichen 86

20 Den vier Gründungsmitgliedern des C2C-CC entstehen bei einer
Serienausstattung mit dem Basis-Kommunikationsmodul
insgesamt Kosten von 83,6 Mio. Euro pro Jahr 87

21 Zeitdauer in Jahren, bis alle C2C-CC Mitglieder
die jeweiligen Durchdringungsschwellen erreichen 88

22 Ab dem dritten sowie nochmals ab dem fünften Jahr ergeben
sich bei einem Alleingang des VW-Konzerns zusätzliche Erlöse [...] 96

23 Im ersten Jahr hat der VW-Konzern bei einer Markteinführung von
Car2X Vorinvestitionen in der Höhe von insgesamt 53 Mio. Euro [...] 98

24 DEN BREAK-EVEN-POINT (BEP) ERREICHT AUDI NACH 2,2 UND
VW NACH 2,8 JAHREN 100

25 Die drei Szenarien im direkten Vergleich zeigen grafisch, dass die
Variante "Alle C2C-CC Mitglieder" das idealtypischste [..] ist 101

26 Realistisch-flexibles Markteinführungsszenario 103

Tabellenverzeichnis

TABELLE 1: EU-PROJEKTE ZU CAR2X
        (BASIS: JÄÄSKELÄINEN 2007, S. 14 FF) 44

TABELLE 2: CAR2CAR-DIENSTE
        (BASIS: MATHEUS/MORICH 2005A, S. 54) 73

Abkürzungsverzeichnis

ABS	*Antiblockiersystem*
AG	*Aktiengesellschaft*
AHSRA	*Advanced Cruise Assist Highway Systems Research Association*
ASFINAG	*Autobahn- und Schnellstraßen-Finanzierungs-Aktiengesellschaft*
ASR	*Antriebsschlupfregelung*
BEP	*Break-Even-Point*
BMBF	*Bundesministerium für Bildung und Forschung*
BMVBS	*Bundesministerium für Verkehr, Bau und Stadtentwicklung*
BMWi	*Bundesministerium für Wirtschaft*
BMW	*Bayerische Motoren-Werke*
bzw.	*beziehungsweise*
ca.	*circa*
CAMP	*Crash Avoidance Metrics Partnership*
Car2X	*Car-to-X Communication*
CEN	*Comité Européen de Normalisation*
CICAS	*Cooperative Intersection Collision Avoidance System*
COOPERS	*Cooperative Systems for Intelligent Road Safety*
CO_2	*Kohlenstoffdioxid*
CRM	*Customer Relationship Management*
CVIS	*Cooperative Vehicle Infrastructure System*
C2C-CC	*CAR2CAR Communication Consortium*
d. h.	*das heißt*
DOT	*Department of Transportation*

Dr.	*Doktor*
DSRC	*Dedicated Short Range Communication*
DVD	*Digital Video Disc*
EB	*Bereich "Fahrzeugkonzepte" der AUDI AG*
EB-G4	*Abteilung "Umwelt und Verkehr"*
engl.	*Englisch*
ESP	*Elektronische Stabilisierungsprogramm*
et al.	*Et alii*
etc.	*etcetera*
ETCS	*Electronic Toll Collection System*
ETH	*Eidgenössische Technische Hochschule*
EU	*Europäische Union*
f	*folgend*
ff	*fortfolgend*
FCC	*Federal Communications Commission*
FHWA	*Federal Highway Administration*
FOT	*Field Operational Test*
Gbit/s	*Gigabit pro Sekunde*
GHz	*Gigahertz*
GPS	*Global Positioning System*
GSM	*Global System for Mobile Communications*
GST	*Global System Telematics*
IBM	*International Business Machines Corporation*
IEEE	*Institute of Electrical and Electronics Engineers*
ISDN	*Integrated Services Digital Network*

lat.	*Latein*
LKW	*Lastkraftwagen*
Mbit/s	*Megabit pro Sekunde*
mind.	*mindestens*
MIT	*Massachusetts Institute of Technology*
Mio.	*Millionen*
mod.	*modifiziert*
mp3	*Motion Picture Experts Group 1 layer 3*
Mrd.	*Milliarden*
NHTSA	*National Highway Traffic Safety Administration*
NoW	*Network on Wheels*
ÖAMTC	*Österreichischer Automobil-, Motorrad- und Touring-Club*
o. J.	*ohne Jahr*
o.V.	*ohne Verfasser*
PC	*Personal Computer*
PDA	*Personal Digital Assistant*
PKW	*Personenkraftwagen*
POI	*Point of Interest*
PPP	*Private Public Partnership*
RFID	*Radio Frequency Identification*
S.	*Seite*
SIM TD	*Sichere Intelligente Mobilität Testfeld Deutschland*
TE	*Bereich "Technische Entwicklung" der AUDI AG*
TMC	*Traffic Message Channel*
u. a.	*unter anderem*

UHV	*Universelle Handy-Verarbeitung*
UMTS	*Universal Global Telecommunications System*
USA	*Unites States of America*
USP	*Unique Selling Proposition*
VDA	*Verband der Deutschen Automobilindustrie*
VI	*Bereich "Vertrieb Deutschland" der AUDI AG*
VICS	*Vehicle Infrastructure Communication System*
VIIC	*Vehicle Infrastructure Integration Consortium*
vgl.	*vergleiche*
VM	*Bereich "Zentrales Marketing" der AUDI AG*
VM-33	*Abteilung "Produktmarketing Aggregate, Elektronik, Ausstattung"*
VRM	*Vehicle Relationship Management*
VSC	*Vehicle Safety Consortium*
vs.	*versus*
VW	*Volkswagen*
WiMAX	*Worldwide Interoperability for Microwave Access*
WLAN	*Wireless Local Area Network*
zB[16]	*zum Beispiel*

---

[16] *Abkürzung gemäß Österreichischem Normungsinstitut (ÖNORM)*

*Leitfaden für Experteninterview
mit Dr. Beier zur Kundenakzeptanz
von Car2X-Diensten*

Erklärung über Ablauf des Interviews: 5 Themenfelder mit mehreren offenen Fragen; für das dritte Themenfeld „Car2X-Dienste und Markteinführung" sind 20 Min. Zeit veranschlagt, für die restlichen 4 Themenfelder jeweils 10 Min. -> ca. 1 h Interviewdauer

Studie vor dem Hintergrund: „Wie kann Audi seine Car2X-Dienste in den Markt einführen?"

Beantwortung der Forschungsfrage: „Akzeptieren und wünschen Kunden Car2X-Dienste?"

1. **Einschätzung & Motivation**

Herr Dr. Beier, wie denken Sie als Wissenschaftler über Car2X Communication?

Auf dem Car2Car-Forum in Ingolstadt präsentierten Sie Ende Mai zwei Studien zum Thema Kundenakzeptanz von Car2X. Bitte erklären Sie kurz die Motivation für dieses Forschungsprojekt. Vor welchem Hintergrund sind diese Umfragen und Interviews entstanden? Was war das Ziel dabei?

2. **Voraussetzungen und Erfolgsfaktoren**

Was sind Ihrer Meinung nach Voraussetzungen und Erfolgsfaktoren, damit die Markteinführung von Car2X gelingen kann?

3. Car2X-Dienste & Markteinführung

Welche Car2X-Dienste will der Kunde zuerst?

- **! Diskussion Schaubild und einzelne Car2X-Dienste:**

Wie könnte Ihrer Meinung nach eine Reihenfolge bei der Einführung der verschiedenen Car2X-Anwendungen aussehen?

- α. **Car2Personal Electronics**: *Wie stehen Kunden der Vernetzung ihrer tragbaren mobilen Geräte mit dem Auto gegenüber? Verstärkt das Vorhandensein ähnlicher Systeme, zB Handyanbindung über Bluetooth, die Kundenakzeptanz weiterer solcher Anwendungen? Ist der Kunde durch die mobile Freisprecheinrichtung im Auto bereits an Car2Personal Electronics gewöhnt? Wenn ja, inwiefern wirkt sich dies positiv auf eine mögliche Markteinführung aus?*

- β. **Car2Home**: *__Intelligente Wohnungen__ erwecken laut Ihrer Studie eine durchschnittliche Akzeptanz bei den Kunden. Was könnten Gründe für eine mögliche Ablehnung von Car2Home sein?*

- χ. **Car2Enterprise** *gibt privaten Unternehmen die Möglichkeit, eigene kommerzielle Car2X-Anwendungen auf den Markt zu bringen. Wie stehen Kunden Car2Enterprise Anwendungen gegenüber? Gibt es auch Erhebungen dazu, wie Unternehmen Car2Enterprise einschätzen? (Bsp. für Car2Enterprise: Drive-through bei McDonalds mit Bestellung und Bezahlung von der Ferne; Download während des Tankens von zB mp3-Musik und digitalen Straßenkarten direkt ins Auto bei Tankstellen).*

- δ. **Car2Infrastructure**: *__Intelligente Verkehrsampelsysteme__ haben laut Ihrer Umfrage nur eine knapp über den Durchschnitt liegende Akzeptanz (3,5 auf einer Stufe von 1 bis 5). Was könnten Gründe für eine mögliche Ablehnung von Car2Infrastructure-Diensten sein?*

ε. **Car2Car:** *Laut Ihren Ergebnissen sind* **intelligente Navigations- und Gefahrenwarndienste** *die von den Kunden am dringendsten gewünschten Dienste mit einem sehr hohen Akzeptanzwert. Welche Car2Car-Dienste werden von den Kunden abgelehnt?*

Wie könnte eine ideale Einführungsstrategie auf Basis Ihrer Kundenakzeptanz-Erhebungen aussehen?

4. Kosten und Kooperationen

Ist es für die Akzeptanz von sicherheitskritischen Car2X-Dienste notwendig, das System kostenlos anzubieten? Wie verhält sich das bei Komfortdiensten?

Welche Nutzergruppen wären womöglich gewillt in Car2X zu investieren?

+ Flottenkunden (Mietwagenfirmen, Taxiunternehmen, Transportunternehmen, Zustellfirmen)
+ Geschäftskunden

- **! Diskussion Schaubild Stakeholder und Kooperationen**

Folgendes Schaubild zeigt die wichtigsten Car2X-Stakeholder. Welche fehlen Ihnen noch?

Sicherheit wird laut der EU-Studie „Use of Intelligent Systems in Vehicles" von den Kunden nicht als optionales Zusatzfeature verstanden, sondern sie erwarten förmlich das bestmöglichste Sicherheitssystem in ihrem Fahrzeug, ohne dass dabei Zusatzkosten anfallen.

5. Zeitrahmen für Einführung
Wann rechnen Sie auf Basis Ihrer Akzeptanzstudien in etwa mit einer Markteinführung?

Nach Angaben des Car2Car Communication Consortiums kann in 3 bis 5 Jahren mit der Serienentwicklung entsprechender Systeme begonnen werden, was eine Markteinführung in etwa im Jahre 2013/14 bedeuten würde. Verschiedene Experten rechnen jedoch bereits 2012 mit der Verfügbarkeit erster Systeme.

Wie wird es weitergehen mit Car2X? Welchen Zukunftsausblick sehen Sie als Wissenschaftler?

BACKUP & ZUSATZFRAGEN:

1. Risikofaktoren für Markteinführung

Aus welchen Gründen könnte der Kunde Car2X-Dienste ablehnen?

EU-Studie 2006:
- Zu hoher Preis
- Technische Anfälligkeit und Unverlässlichkeit
- Reduktion von Verantwortungsbewusstsein
- Einschnitt in die persönliche Freiheit
- Überlastung durch zu hohe Komplexität

2. Entscheidungsfaktoren bei Autokauf

Was sind Ihrer Meinung nach die wichtigsten Einflussfaktoren beim Kauf eines Automobils?

Laut der EU-Studie „Use of Intelligent Systems in Vehicles" vom vergangenen Jahr sind **Sicherheit** und **Spritverbrauch** mit Abstand die wichtigsten Entscheidungsfaktoren bei der Wahl eines Autos. **Komfort** folgt an dritter Stelle.

Kann Car2X mit ihren neuartigen Lösungen zu mehr Sicherheit, Effizienz und höherem Komfort diesen Umstand nützen?

3. Serienmäßige Einführung vs. Optionale Einführung

Auf Basis Ihrer Kundenerhebungen: *Würden Sie den Automobilherstellern eine serienmäßige Einführung von Car2X-Diensten empfehlen? Wenn ja, warum? Wenn nein: Reicht der aktuelle Kundenwunsch nach Sicherheits- und Effizienzlösungen für eine optionale Wahl dieses Systems?* Optionale Einführung führt zu einer zu langsamen Durchdringung von Car2x, wodurch gewisse sicherheitskritische Dienste, wie zB das intelligente Reißverschlusssystem, verunmöglicht werden, da sie gegen 90 % Ausstattungsrate benötigen

Transkript des Experteninterviews mit DR. BEIER zur Kundenakzeptanz von Car2X-Diensten

Gespräch mit DR. GUIDO BEIER, Humboldt Universität Berlin
Ort und Zeit: Berlin, 26. Juli 2007, 17:00 bis 18:35

Begrüßung, Hintergrund

Interviewer: Wie denken Sie als Wissenschaftler über Car2X, wie als Privatmensch? Wo gibt's Unterschiede und Differenzen? Wie ist Ihre Einschätzung?

DR. BEIER: Interessante Frage. Ich fang mal mit der wissenschaftlichen an. Ich hab mich sehr viel mit Fahrerassistenzsystemen beschäftigt. Meiner Meinung nach liegt die Zukunft der Fahrerassistenz eindeutig in den vernetzen Systemen. Dort wird der größte Mehrwert generiert, in vermehrter Hinsicht: sowohl technisch, finanziell als auch für den Fahrer. Letztere ist allerdings eine Variable, die sehr störend ist, je nachdem, welche Systeme gebaut werden. Prinzipiell bin ich begeistert von der Idee Car2X, weil es ähnlich dem World Wide Web ein Informationsgenerierungstool ist, das man vorher nicht hatte. Jetzt hat man auf einmal ein viel größeres Sensorgebiet, weil viel mehr Sensoren da sind. Inwiefern die Intelligenz der Fahrassistenzsysteme zunimmt, das müsste man noch klären. Auf alle Fälle kann man Informationen gewinnen, die über die Möglichkeiten eines einzelnen Autos hinausgehen. Das klassische Beispiel sind diese Gefahrenwarnungen im Falle eines Unfalls auf der Autobahn. Wenn man sich ansieht, wie viele Auffahrunfälle es gibt, da kann man deutlich sehen, dass das helfen kann, wenn man die Information früher bekommt und dann kommt es darauf an, was man mit dieser Information macht, ob man dem Fahrer sagt „pass auf" oder man setzt im Auto diese Automatisierungsstufen um. Das ist ein sehr wichtiger Faktor für die Akzeptanz solcher Systeme. Das reicht vom

Warnen bis zum kompletten automatischen Eingriff. Hier liegt auch der Gestaltungsspielraum für Unternehmen.

Zu meiner Meinung als Privatmensch: Als privater hat man noch keine Erfahrung mit diesen Systemen. Car2X kann man nicht ganz ohne Skepsis betrachten. Bei vielen Menschen, und da kann ich mich nicht ausschließen, herrscht Skepsis vor, denn wenn man sich die Zuverlässigkeit von Computern im Alltag ansieht und diese auf den Straßenverkehr überträgt, dann gibt´s Chaos. Zuverlässigkeit in verschiedenster Hinsicht: Zum einen, dass die Programme nicht vernünftig funktionieren und sich aufhängen, und dann natürlich was die Sicherheit vor Angriffen von außen betrifft. Und das sind zwei Punkte, die kann auch ich privat nicht ganz aus meinem Hirn streichen. Dann gibt´s noch viele andere Befürchtungen: ZB ich kann mir vorstellen, dass das ganze unheimlich teuer sind wird, dass man als Privatmann tief in die Tasche greifen muss

I: Darauf werden wir später genauer zu sprechen kommen.

B: Es hängt davon ab, was das für eine Anwendung ist und welche Handlungsmöglichkeiten diese mir erlauben würde. Wenn ich mir noch mal die Gefahrenwarnung vornehme und in der Tat zuerst mal eine Warnung erfolgt mit dem Ziel meine Aufmerksamkeit zu fokussieren, Bremsbereitschaft herzustellen und nicht bei 130 Km/h meine Bobontüte zu durchkramen, dann würde ich Car2X sofort anschaffen.

Wenn es dahingeht, dass das Auto anfängt etwas automatisch zu tun, dann habe ich so wie jeder andere Mensch so meine Bedenken. Es müsste mich halt davon überzeugen, dass es wirklich funktioniert. Klar ist da etwas Respekt dabei.

I: Das Vertrauen ist also Ihrer Meinung nach noch nicht so da. Kunden müssen erst überzeugt werden?

B: Man kann das schon ein bisschen verallgemeinern, ich denke da sind viele Menschen, die das noch deutlich stärker sehen als ich. Da muss man dazusagen, dass sich die Automobilindustrie nicht gerade den Riesengefallen getan hat, mit den ganzen elektronischen Systemen und ihren technischen Schwierigkeiten. Wenn man merkt, das funktioniert nicht richtig und dann möchte ich als Kunde bitte keine Notbremsung im Programm haben, die plötzlich völlig wahllos erfolgt. Bei BMW und Mercedes gab´s das immer. Audi habe ich aufgrund meiner Aufträge nie unter die Lupe genommen, aber ich denke dort ist das ähnlich.

Der 7er BMW hat mit dem MMI eine blutige Revolution angefangen, das eigentlich nicht ging, aber mit der Entscheidung, wir führen das ein und lassen auch keine Alternative zu, war das für den Gesamtmarkt ein sehr mutiger und erfreulicher schritt, weil dadurch die Türe geöffnet wurde und sowohl Audi als auch Mercedes dadurch was lernen konnten. BMW ist also beim MMI etwas in die Vorreiterrolle gegangen, was ich ein wenig zwiespältig betrachte: BMW hat sich einerseits etwas getraut, aber so wie das MMI umgesetzt wurde, war das nicht wirklich gut und da hätte man vielleicht doch etwas länger warten können und ein bisschen besser machen können.

Das andere ist die Zuverlässigkeit des Systems im Auto selbst. Was das alles für technische Hintergründe hat, zB der hohe Strombedarf, sei dahingestellt. Aber einer der Hauptgründe für Unzuverlässigkeit sehe ich in den immer kürzeren Entwicklungszyklen für diese Autos. Wenn man Technologien einführt, die man ohnehin noch nicht richtig beherrscht und trotzdem versucht, sie möglichst schnell auf den Markt zu bringen, dann ist das ein bisschen wie wenn man Zuverlässigkeitsstudien als Feldversuch am Kunden durchführt, dann ist das schon ganz schön bedenklich und sorgt dafür, dass man beim nächsten Mal, wenn so eine neue Technologie eingeführt wird, eine gewisse Zurückhaltung beim Kunden da ist. Und das ist bei mir auch so. Ich werde sicherlich nicht die erste Generation der Autos kaufen, die Car2X hat.

I: Kann man von einem Paradigmenwechsel sprechen, das etwas völlig Neues durch Car2X passiert?

B: Aus meiner Sicht schon. Ich rede jetzt als Psychologe. Ich kann Ihnen keine Ingenieurs-Paradigmenwechsel darlegen, aber psychologisch gesehen ist es ein Paradigmenwechsel, weil die klassische Ergonomie-Frage im Auto sich völlig neu stellt. Da kommen Bereiche hinzu, die betreffen zB die Kooperation zwischen Systemen und Fahrern. Die gesamte Frage nach Vertrauen und Informationen stellt sich neu, weil Informationen aus einer viel breiteren Basis gewonnen werden von verschiedenen Beteiligten, meinetwegen Verkehrsschilder, andere Autos oder Polizei. Das sind völlig verschiedene, qualitativ unterschiedlich zuverlässige Informationsquellen. Mit der Zunahme der Vernetzung wächst natürlich auch die Zunahme der Freiheitsgrade. Es ist nicht mehr so einfach ein gutes Assistenzsystem zu bauen wie früher, denn jetzt hat man mehr Möglichkeiten, dass etwas schief laufen kann. Man hat aber auch die große Chance auf Gewinne im Sinne des Fahrens, nicht finanziell. Ein Paradigmenwechsel klingt immer sehr krass. So gesehen ist es auf alle Fälle eine neue Qualität, wenn wir uns darauf einigen können.

I: Ganz kurz zu den Studien, die Sie beim Car2Car-Forum in Ingolstadt präsentiert haben. Was war die Motivation und das Ziel für dieses Forschungsprojekt?

B: Die Motivation war folgende: Wir haben die Erfahrung gemacht, dass sich viele Infotainment-Systeme am Markt nicht behaupten konnten, da mit viel Geld Dienste entwickelt wurden, die kein Mensch braucht. Die betrifft alle großen Automobilhersteller, aber auch die Telekom. Da wird in die Forschung viel Geld investiert, in die Entwicklung und auch ins Marketing unglaublich viel. Mein Lieblingsbeispiel: „Hol dir die Bundesliga aufs Handy", das tut keinem Autohersteller weh, wenn ich das nehme. Kein Mensch braucht das und die Werbung hat sicher Millionen verschlungen. Das mag für ein Unternehmen wie die Telekom nur Peanuts sein, aber letztendlich ist es Geld. Weil einfach vorher nicht überlegt wird: Kauft das einer oder will das einer? Es ist häufig so, dass die Entwicklung Technologie getrieben vorangetrieben wird. Man kuckt, was für Technologien haben wir da und aus einem gewissen Spieltrieb heraus wird entwickelt. Und dann kuckt man, was kann man damit machen. Kann man die Systeme irgendwie verbinden oder was kommt da zum Schluss für ein Use-Case raus. Die Entwicklung müsste aus unserer Sicht umgekehrt sein: Wir können keine Systeme entwickeln, beileibe nicht, aber es hat sich gezeigt, dass es keine schlechte Idee ist, wenn man schaut, was brauchen Kunden eigentlich und was hab ich für Technologien zur Verfügung und wie kann ich das Problem am besten lösen. Das ist in der Tat ein Paradigmenunterschied. Diese Erkenntnis ist gar nicht neu, sie war schon in der Praxis, wird aber zurzeit wieder anders gemacht.

Sie wollen von mir sicherlich ehrliche Antworten haben: Marketingabteilungen oder Marktforschungabteilungen sind relativ häufig dazu da, die Entscheidungen, die das Management getroffen hat, mit Daten zu fundamentieren, die sie durch irgendwelche Beauftragungen anderer Firmen gewonnen haben. Das ist nicht wirklich zielführend. Auf einer Uni kann man das anders machen. Wir haben gesagt, ok, wir kümmern uns um diese Vernetzungstechnologien und sind da völlig offen rein gegangen: Ohne die Leute damit zu belasten, wie´s funktioniert, ob UMTS oder WLAN, das spielt für uns überhaupt keine Rolle. Wir wollen zuerst mal wissen, welche sinnvollen Funktionen kann man daraus generieren. Was brauchen die Leute?

Durch die Telekom wurde zB das „Intelligente Haus" sehr gepusht. Eine Fantasie war zB, man fährt mit dem Auto, kommt Nachhause und da soll bereits das Badewasser eingelassen sein. Das war ein Szenario. Könnte ja Sinn haben. Die Frage ist jetzt: Brauchen die Leute das oder kommen die von allein auf solche Ideen? Das fängt ganz offen an mit Interviews, um zuerst mal Ideen zu sammeln, die die Leute haben. Wir haben 24 Interviews gemacht mit bestimmten psychologische Fragetechniken.

Weit über 200, knapp an die 300 Reaktionen waren das Ergebnis. Das hätte ich vorher gar nicht für möglich gehalten, dass ganz normale Autofahrer, also keine Akademiker, in der Lage sind, zu so einem abstrakten Thema wie vernetzte Funktionen im Fahrzeug – das sich erstmal kein Mensch vorstellen kann – so viele Vorschläge zu machen.

I: Schauen wir uns kurz die Studie dazu an.

B: 297 Statements, also knapp 300 Einzelnennungen von Funktionen. Und das muss man dann irgendwie zusammenfassen, weil die Leute das unterschiedlich benennen. Das Danger Warning Information System mit 34 Nennungen ist eine sehr schmale Kategorie. Das erzählen die Leute irgendwie das gleiche wie: Das wäre cool, wenn mich das System vor einem Unfall warnt und ich da nicht rein fahre. Das lässt sich sehr leicht zusammenfassen. In der Tat sind es 297 Systemvorschläge oder Anwendungsvorschläge gewesen. Das war eine riesige Menge, ich war auch sehr zufrieden mit der Methode, die wir zum ersten Mal so ausprobiert haben.

I: Wie viele Funktionsgruppen kann man dann daraus bilden?

B: Insgesamt waren es dann ca. 13. Aber das ist dann auch nicht immer 100 % exakt. Wir haben natürlich Überlappungsgrenzen. Man könnte das auch in eine andere Gruppe packen. Man macht das dann so, dass mehrere Menschen diese Themen in Kategorien ordnen, wenn die Leute hohe Übereinstimmungen erzielen – das kann man statistisch auswerten – dann sagt man, das ist jetzt eine Kategorie, mit der wir leben können.

Das Schöne, was wir für alle Untersuchungsmethoden entdeckt haben, also Fragebogen auf Papier, Onlinebefragung und Gruppendiskussion, war, das prinzipiell immer das gleiche rauskam. Und wenn Sie drei oder viermal mit verschiedenen Methoden dasselbe finden, dann können Sie sich einigermaßen sicher sein, dass das stimmt. So eine Akzeptanzforschung ist immer mit Unsicherheit behaftet, aber man kann versuchen, das zu reduzieren, zB durch Mehrfachmessung.

I: Gibt es eine Möglichkeit diese Studien – soweit fertig – als Literaturquelle für meine Studie zu verwenden?

B: Ich hab da kein Problem. Im Gegenteil ich freu mich, dass Sie das weiterpublizieren. Ich schreibe gerade an einem Artikel für die Zeitschrift Arbeitswissenschaften in Deutschland. Prof. Heiner Bubb in München gibt ein Sonderheft raus, das sich Ergonomie im Fahrzeug nennt. Das lass ich Ihnen gerne zukommen.

I: Was sind Ihrer Meinung nach die grundlegenden Voraussetzungen vielleicht auch kritischen Erfolgsfaktoren, damit die Markteinführung von Car2X gelingen kann?

B: Erste Voraussetzung ist, die Systeme müssen dem Fahrer Mehrwert bieten. Das ist die absolut zentrale Aussage unserer Studien. Kein Schnickschnack, nicht die Wanne einlassen, sondern die Leute haben im Auto Sorgen, die das Autofahren betreffen, zB dass Sie im Verkehr vorankommen. Sie interessierten sich aber nicht für das Kinoprogramm und müssen auch nicht nebenbei arbeiten, sondern sie wollen erstmal überhaupt ihre Fahraufgabe erledigen können. Das war auch irgendwie ein überraschendes Ergebnis, denn die ganzen öffentlichen Meinungsbilder sagen ein anderes Ergebnis. Das ist also Nummer 1, Mehrwert schaffen, den der Fahrer auch wirklich brauchen kann.

Zweite Voraussetzung ist Marketing, also den Mehrwert dieser Systeme richtig kommunizieren. Da kann viel schief laufen. Um Ihnen mal ein Beispiel zu nennen: Teure Systeme wie Adaptive Cruise Control, das den Abstand und die Geschwindigkeit von Fahrzeugen regelt, die man nur dann kaufen kann, wenn man sich Mühe gibt. Man findet relativ selten Fahrzeuge bei einem Autohändler, die mit solch teuren Systemen ausgerüstet sind. Und wenn man sie nicht Probe fahren kann, dann kann sie der Kunde nicht erleben und ist dann auch nicht gewillt, 2.000 Euro für so ein System auszugeben. Die Autohändler sagen sich wiederum, wenn ich ein Probefahrauto so teuer mache und es hinterher so billig verkaufe, dann mach ich minus. Das sollte man sich vielleicht intelligentere Lösungen einfallen lassen. Hey Autohändler, du verkaufst dann 10 Stück mehr dieser intelligenter Systeme, wenn man sie auch ausprobieren kann. Aber da sollte man den Autohändler auch nicht unbedingt alleine lassen von Seiten der Automobilhersteller.

Dritte Voraussetzung ist das Pricing, dass Leute auch bereit sind etwas zu zahlen. Es darf also nicht zu teuer sein.

Vierte Voraussetzung: Das ganze muss sicher sein. Das könnten wir auch nach vorne holen. Sicherheit ist also auch eine erste Voraussetzung dafür, denn es gibt auch überhaupt keinen Mehrwert, wenn das System nicht sicher ist. Sicherheit ist also ein Megakriterium.

I: Meinen Sie mit Sicherheit auch Verlässlichkeit?

B: Sicherheit hat verschiedene Dimensionen: Sicherheit heißt auch, sich psychologische Motive ankucken, was wir bei unseren Studien auch gemacht haben. Das sind so Aspekte wie technische Sicherheit, also dass das ganze überhaupt funktioniert. Bei vernetzen Technologien spielt immer Informationssicherheit eine Rolle, also was passiert mit meinen Daten, wer kriegt die und wer kann die lesen. Und dann: Sicherheitseingriffe von außen, also zB Terroristen hacken sich ein. Sicherheit hat also viele Dimensionen.

Fünfte Voraussetzung ist Kompabilität. Ein Thema ist sicherlich das Funktionieren untereinander, was mit der bisherigen Diffamierung von offenen Standards zu tun hatte. Es kann jetzt sein, dass ich verschiedene Teilsysteme brauche, um in vernetzten Systemen mitspielen zu können. So wie über Jahre hinweg nur das Autohandy im Auto funktionierte, aber nicht Nokia. Es muss also soweit sein, dass ich keine Zusatzgeräte brauche, also zB, dass ich eine Gefahrenwarnung auch mit dem mobilen Navigationsgerät, das ich mir im Handel kaufe, angezeigt werden kann. Das meine ich mit offenen Standards.

I: Was ist die kritischen Erfolgsfaktoren aus diesen Voraussetzungen heraus, vielleicht die wirklichen Knackpunkte, die das ganze scheitern lassen könnten?

B: Also unsere zweite Voraussetzung, das Marketing ist kein kritischer Faktor, dass das ganze scheitern lassen könnte. Die Bigpoints sind sicherlich die Sicherheit. Aus einem Forschungsprojekt über die Akzeptanz eines Räderkopplungssystems für LKW´s wissen wir aber: Wenn genügend Mehrwert kommuniziert wird und es keine Supergau gibt's, dann wird das System akzeptiert.

Natürlich können ein paar spektakuläre Unfälle dazu führen, dass die Systeme ziemlich stark in Misskredit gebracht werden. Wobei ein paar spektakuläre Unfälle nicht so schlimm sind, als wirklich massenhaftes Versagen, was die Kunden wiederum zum Nachdenken bringen würde.
Sicherheit und Kundennutzen sind die beiden entscheidenden kritischen Erfolgfaktoren.

I: Welche Car2X-Dienste will der Kunde zuerst?

B: Gefahrenwarnungen und Navigationsdienste sind wirklich die Dienste, mit denen man etwas machen kann. Was keiner richtig haben wollte, war das Shopping. Also generell Fun-Features, das würde ich auf keinen Fall probieren. Das kostet wieder nur Geld und Akzeptanz und beschwert letztendlich auch die Marke.

Aber wenn ich ehrlich bin, dann beinhaltet dieses Navigationssystem mit der sozialen Komponente, das wir gerade entwickeln, auch einen großen Faktor Fun. Akzeptanzuntersuchungen muss man aus zwei Perspektiven sehen: Die erste Teiluntersuchung erhebt den Ist-Zustand. Es kann auch sein, dass wenn etwas abgelehnt wird, man sehr viel daraus lernen kann. Wenn etwas abgelehnt wird, muss man darin investieren, um eine Akzeptanz herzustellen. Das ist sozusagen die reine Lehre, die man daraus ziehen kann. Zu sagen, es wird nie akzeptiert werden, das wäre falsch.

Ich weiß nicht ob Sie die Geschichte von Coffee2Go von der Frau Konrad kennen. Die hat mittlerweile zig-tausende Coffee2Go-Läden in Berlin. Sie kam mit der Idee aus Amerika zurück und hat sich einen kleinen Laden gemietet. Und als sie begann den Laden auszustatten, hat sich sie gedacht, frag ich doch mal die Leute auf der Straße, ob die meine Idee gut finden.

Keiner von denen konnte sich vorstellen einen Kaffee zu kaufen und durch die Gegend zu tragen – beim Laufen auf der Straße. Da war sie dann ziemlich niedergeschmettert. Da dachte sie sich, jetzt hab ich den Laden schon gemietet, jetzt zieh ich das auch durch. Sie hat dann entsprechendes Marketing gemacht und auch Mund-zu-Mund-Propaganda gehabt und Coffee2Go ist eine Riesenerfolgsgeschichte geworden.

I: Kann man sagen, sie hat den Bedarf geweckt?

B: Ja, sicherlich. Da war zuerst kein Bedarf da, aber es war kein Selbstläufer, denn sie musste viel investieren.

Deswegen kann auch Shopping bei Car2X irgendwann mal interessant werden. Also wenn wir jetzt davon reden, was wir zuerst machen, dann würde ich sagen, gehen wir den Weg des geringeren Widerstands und nehmen erstmal Systeme, die die Leute jetzt schon von sich aus brauchen. Und das sind nicht Systeme, die man mit viel Mühe in den Markt rücken muss.

Nehmen wir mal die Leute, die Bahn fahren: Es ist ein Bahnstreik und kein Mensch geht auf die Straße. Dann kauft auch niemand einen Kaffee zum Mitnehmen. Ich würde schon sagen, zuerst mal das Notwendige und dann erst die Spielwiese.

Aber damit Sie sich nicht entmutigen lassen, wir haben schon auch ein soziales Feature in unser Navigationssystem reingebracht, das ist die rationale Überlegung, weil es einfach die Informationsvielfalt von Navigationsinformationen erhöht und sich gerade das Web 2.0 rasend schnell und profitabel verbreitet. Der Automarkt ist aber immer etwas Spezielles und unterscheidet sich vom Kommunikationsmarkt absolut fundamental. Trotzdem werden die auf lange Sicht miteinander verschmelzen, da bin ich mir sicher, dauert aber noch ein bisschen.

Navigationssysteme heißt inhaltlich, die Leute wollen wissen, wie komm ich am schnellsten von A nach B. Sekundär sind solche Informationen wie die schönste Route oder irgendwelchen tollen Sehenswürdigkeiten, die sind nebensächlich. Das ist ein Miniprozentsatz, für den das interessant ist. Wichtig ist, dass man die aktuelle Verkehrslage möglichst gut im Navigationssystem transportiert, dass man wirklich vernünftige aktuelle Staumeldungen hat. Das kennt eigentlich jeder in Berlin: Selbst von den informiertesten Radiosendern, TMC oder TMC pro kommt während einer Fahrt in der Stadt eine Staumeldung, die dann zu – sagen wir mal – 50 % stimmt.

I: Inklusive Informationsverzögerung, weil die Information schon wieder veraltet ist?

B: Genau. Also eins meiner Lieblingserlebnisse ist schon wieder 4, 5 Jahre her. Da musste ich einen Vortrag halten in Darmstadt und hatte nicht viel Zeit. Bin etwas überhastet mit dem Flugzeug in Frankfurt angenommen und hab mir ein Mietauto genommen, denn das ist ja nicht weit auseinander. Dann fahr ich logischerweise Autobahn, ich hatte echt nur eine halbe Stunde. Im Mietauto war auch ein Navigationssystem mit Stauwarnung drin. Ich fahr los und auf einmal meldet sich der Stauwarner und sagt mir: „Stau auf der Autobahn, nicht rauffahren, schön auf der Bundestrasse bleiben." Dann meldet sich wieder das System und sagt mir, „bitte drehen Sie um und fahren Sie auf die Autobahn". Dann hab ich mir das eine Weile angehört und im Nachhinein hab ich mir überlegt, wenn du jetzt auf der Bundestraße bleibst, dann bist du nie pünktlich. Angenommen ich hätte anderthalb Stunden Zeit gehabt, wäre ich wahrscheinlich Bundestraße gefahren. So bin ich auf die Autobahn aufgefahren und der Stau war angekündigt in 30 Kilometern. Die Strecke war 35 Kilometer. Ich fahre, fahre, fahre, noch kein Stau, bin in Darmstadt, die ganze Strecke kein Stau.

Da hab ich mir gedacht: Ihr blöden Systeme. Jetzt hätte ich beinahe meinen Termin verpasst, nur weil ihr so einen Müll erzählt. Zum einen sind das Staus, die nicht gemeldet werden und zum anderen, das was gemeldet wurde, stimmt so nicht.

I: Liegt hier vielleicht auch die große Chance von Car2Infrastructure, dass man durch dynamische Verkehrsinformationen einen Mehrwert für den Kunden generiert?

B: Das muss sein. Dass der Fahrer sicher sein kann, die Informationen, die herein kommen, stimmen so auch und dass vielleicht auch die Umleitungsroute, die berechnet wird, so intelligent ist, dass nicht jeder die selbe bekommen hat. Dann hat man eine Chance, dann hat man ein System entwickelt, von dem die Leute sagen, das hilft mir in der Tat. Ich hab das Ding, ich spare Zeit, perfekt!

Den Mehrwert, den mir das System bietet, der muss auch stimmen. Das war ziemlich faszinierend in dieser Studie, die wir gemacht haben, welche Bedeutung die Zeitökonomie hat. Da fällt ja jeden ein bei Navigation, denn wenn man im Stau steht, verliert man Zeit. Aber genau so schlimm ist der Kontrollverlust, was die Leute psychisch wirklich fertig macht, das heißt, dass das Navigationssystem wirklich ganz oben stand. Diese Kombination aus Ökonomie und Kontrollverlust, ich kann mein Ziel nicht erreichen, ich bin der Situation ausgeliefert. Das ist eigentlich das Schlimmste was man einem Menschen antun kann. Tiere im Zoo vermehren sich nicht, weil sie keine Kontrolle haben. Das ist ein ganz banaler Mechanismus. Und beraubt man einem Organismus die Kontrolle, dann will er nicht mehr. Und dann wollen auch die Kunden nicht mehr.

I: Schön zusammengefasst. Als nächstes möchte ich Ihnen ein Schaubild zeigen. Und zwar beinhaltet es eine Klassifikation, also eine Einteilung verschiedenster Car2X-Dienste. Mich würde jetzt interessieren, wie Sie die Reihenfolge aus Kundenakzeptanz-Sicht sehen, also welche Klasse zuerst in den Markt kommen kann.

B: Ich denke relativ weit vorne werden Car2Car und Car2Infrastructure liegen, gefolgt Car2PersonalEquipment. Kommt sicher darauf an, was man dann für Funktionalitäten umsetzt oder was es dann exakt sein soll. Und am Ende Car2Home und Car2Enterprise.

Die Zielgruppe für Car2Enterprise ist viel größer als die von Car2Office. Dieses immer wieder gern genommene Thema, das Arbeiten beim Fahren ist meiner Meinung nach eine Fiktion. Die Leute arbeiten den ganzen Tag. Wenn Menschen Autofahren, dann sagen ihnen viele Leute, das entspannt. Wenn Sie Car2Car und Car2Infrastructure ordentlich machen, dann stehen die Leute nicht im Stau und brauchen kein Office im Auto. Und beim Fahren zu arbeiten, das halt ich für Unfug. Wenn man schon nicht telefonieren sollte beim Fahren, dann sollte man das Arbeiten schon lange unterlassen beim Autofahren. Und Car2Home ist in so weiter Ferne, da würde ich in 15 Jahre drüber nachdenken.

I: Car2Home meint ja auch Komfortfunktionen, zB dass man die Navigationsroute schon vom Laptop aus von Zuhause, vielleicht von der Wohnzimmercouch, programmiert und sich berechnen lässt und sie über WLAN ins Auto übermittelt. Wie sehen Sie dieses Anwendungsszenario?

B: Diese spezielle Funktion hat sicher für eine Teilpopulation Sinn. Auch wir hatten diese Funktionen, also Vorbereitung der Fahrt, auf dem Schirm. Wir versuchen ja dieser Fahrer-Community eine Plattform zu geben, wo sich auch Menschen zu Fahrgemeinschaften zusammenfinden können, was vor der Fahrt noch sinnvoller wäre. Aber dafür muss der Markt erst geschaffen werden.

Sie haben ja jetzt schon die Möglichkeit, durch mobile Navigationssysteme die Route von Zuhause aus vom Frühstückstisch zu programmieren. Und das machen die Leute auch. Ich hab zwar keine empirischen Studien, aber ich schon mit eigenen Augen, persönlich meine ich, gesehen, dass die Leute das machen. Diese spezifische Funktion hat viel bessere Chancen als zB die Badewanne, weil es ja etwas mit Navigation zu tun hat.

Auch mit diesem Car2PersonalEquipment, wenn Sie da bestimmte Funktionalitäten drin haben, die den Menschen etwas nutzen, dann ist das nicht ganz so eng an den Kommunikationspartner gebunden. Damit kann man sicherlich einen Markt öffnen, wenn´s dann um Car2Home-Anwendungen allgemein geht. Dann würde ich mal so wie Sie das gesagt haben meinen, dass die Programmierung der Navigationsroute von Zuhause sicherlich 10 Jahr früher dran ist als die Badewanne.

I: Ich hab schon viele phantastische Vorschläge für Car2Home gehört. Die Badewanne war noch nicht dabei…

B: Oder die Rollos...

I: Was man sich bei Car2Home noch vorstellen kann, ist dass sich die Alarmanlage aus- und die Lichteranlage einschaltet, wenn man mit dem Auto hinfährt. Dass sich das Garagentor automatisch öffnet, wenn sich das Auto nähert...

B: Das sind so nette Geschichten. Damit kann man den Nachbar beeindrucken, die auch jetzt schon möglich sind. Aber das ist für mich nicht das, was ich als Automobilhersteller primär ansprechen würde. Da macht sich vielleicht jemand, der Elektrogeräte herstellt, Gedanken darüber. Oder der Zulieferer vielleicht.

Wenn ich Automobilhersteller wäre, dann würde ich mich um die andere Eisbrecher-Funktion, über die bis jetzt noch nicht genau gesprochen haben, kümmern, nämlich die Gefahrenwarnung. Wo die Warnung als solches eine sehr sehr hohe Akzeptanz hat und jeder den Mehrwert erkennt. Und selbst wenn da mal falsch gewarnt wird, dann ist das nicht ganz so schlimm. Also wenn eine Warnung unterbleibt, ist es natürlich schwieriger. Aber die Leute sind trotzdem noch gewohnt, aufmerksam Auto zu fahren. Ich glaube, dass auch die Fehlerakzeptanz viel höher ist. Also wenn sich das Garagentor zwei, drei Mal nicht öffnet, dann war's das nach drei Mal. So ein Plunder! Und dafür hab ich jetzt 200 Euro gezahlt?

Da machen sich ja zig Unternehmen Gedanken, was man mit dem Haus machen kann. Als Automobilhersteller würde ich erstmal bei meinen Brötchen und bei meinen Leisten bleiben. Alles was man beim Autofahren tun kann, darum kümmere ich mich. Aber den Rest sehe ich später.

I: Bei Car2PersonalEquipment lassen sich ja alle möglichen Elektronikgeräte mit dem Auto verbinden. Aktuell gibt's denn Trend, dass Handys, Spielekonsolen und auch mp3-Player zunehmend mit WLAN ausgerüstet werden. Dieser Trend in der Elektronikbranche ist natürlich ein Glücksfall für Car2X.

B: So was ist wahrscheinlich nicht teuer und das kann man dann natürlich als kleines Seitenschlachtfeld machen, denn Car2Car und Car2Infrastructure werden wahrscheinlich eine Menge Geld kosten. Es ist ja ein Wahnsinn, das bis vor kurzem nur wenige Handys mit dem Auto kompatibel waren. Wobei ich glaube, dass hier die Differenzierung im Markt sehr schnell aufhört, denn wenn das einer anfängt, dann werden das sehr schnell alle machen. Da gehört echt nicht mehr viel dazu aus meiner Sicht. Das wir auch kommen, das wird schnell kommen, und das sollte man meiner Meinung nach nicht versäumen, aber ich glaube nicht, dass man sich damit eine Kundschaft erobern kann, weil wenn Audi das hat, dann auch bald Toyota, Mercedes braucht vielleicht ein bisschen länger und auch die Franzosen werden da aktiv sein.

Da würde ich sagen: Unbedingt machen! Aber das ist für mich jetzt nicht die große Hausaufgabe, das steht im Hintergrund.

I: Könnte Car2PersonalEquipment ein Eisbrecher sein?

B: Damit verbinden die Leute nicht Car2X. Ich glaube nicht, dass das dem Potenzial von Car2X gerecht wird. Und das sind aus meiner Sicht Einnahmen, die noch wirklich weit weg sind. Das Teil wird ja vermutlich nicht Zuhause liegen. Ich nehme mal an, dass das so gemeint ist, dass ich hab den mp3-Player mit im Auto und muss nicht versuchen, den irgendwo reinzustecken, sondern mach ihn nur an und er fängt an, auf der Autoanlage abzuspielen.

I: Wenn wirklich viele Elektrogeräte einmal mit WLAN ausgestattet sind, dann ist bei Car2PersonalEquipment genauso wie bei Car2Home denkbar, dass man zB sein Musikprogramm von Zuhause aus, entweder am PC oder am mp3-Player festlegt und von Zuhause aus ins Auto übermittelt. Die Reichweite ist dabei ein Vorteil von WLAN, auch weil sie sich stetig erhöht.

B: Aber man kann nicht Daten über 50 Km senden, oder?

I: Das ist der Trend, den ich als nächstes ansprechen wollte. Der WLAN-Nachfolger Wimax lässt in Laborversuchen eine drahtlose Übertragung von Daten über 50 Km zu, wobei man jetzt nur von 3 bis 5 Km ausgeht.

B: Die Leute sind gewöhnt, die Musik auf dem mp3-Player zu haben. Die Primäranwendung jedenfalls in den ersten Jahren wird sein, dass die Leute wie gewohnt ihren mp3-Player mitnehmen und den irgendwo hinpacken und können ihn irgendwo reinstecken. Die wären dann auch schon froh, wenn so was im Auto funktioniert. Das sich da jemand dafür findet, dass er heute programmiert, was er am Mittwoch, wenn er zur Arbeit fährt hören möchte, das machen meiner Meinung nach nur Freaks. Von mir aus kann man die Musik, die ich Zuhause im Auto gespeichert habe, einmal ins Auto schicken. Dafür ist das Thema auch emotional zu unterschiedlich, je nach Situation wie man sich gerade fühlt etc.
Das wird sicherlich kommen, ist aber meiner Meinung nach keine große Sache, wenn man über Car2X spricht. Damit kann man auch nicht viel Geld verdienen.

Wenn man das macht und man sendet im Ernst vom Home-Computer aus die Musik ins Auto, dann hat man bei den Leuten schon mal ein Bewusstsein geschaffen, dass man aus der Ferne aufs Auto zugreifen kann. Dann hat man mental einmal eine Eisbrecherfunktion geschafft. Aber ich glaube es ist qualitativ etwas völlig verschiedenes, wenn man Fahrfunktionen über Car2Car regelt oder, was die Leute alle gut finden: die Warnung vor Geschwindigkeitsüberschreitungen. Auf deutschen Autobahnen ändert sich auf fünf Km fünf Mal die Geschwindigkeitsvorschriften. Kein Mensch weiß zu jedem Zeitpunkt, welche Geschwindigkeiten er eigentlich fahren darf. Das sind auch so Sachen, die nutzen dem Kunden einfach was. Keine Strafzettel zu bekommen ist prima. Und wer schneller fahren will, kann das immer noch. Das sind Mehrwerte, die helfen den Leuten einfach beim Fahren. Und alles andere ist vielleicht mal ganz nett, zB dass ich mein Mobiltelefon anstecken kann, oder es ist total sinnlos, wie zB die Badewanne.

I: Aber lässt sich Ihrer Meinung nach durch diesen Mehrwert auch Geld verdienen? Bei Car2Home und Car2PersonalEquipment haben wir ja festgestellt, dass keine großen Gewinne zu machen sind. Inwiefern ist das bei Car2Car und Car2Infrastructure der Fall? Oder anders gefragt: Sind die Kunden bereit, für solche Funktionen mit einem direkten Mehrwert, Geld auf den Tisch hinzulegen? Wie kann man die Kunden vielleicht auch aufteilen, also welche Nutzergruppen wären bereit in Car2X zu investieren?

B: Sie kennen sicherlich diese verschiedenen Typen, die unterschiedlich schnell auf technische Innovationen reagieren. Die Leute, die erstmal alles aufnehmen und ausprobieren, also die early adopters. Wenn die das machen und das funktioniert, dann sag ich ok, da mach ich mit. Und da gibt´s drei, vier Typen. Und zum Schluss haben Sie die Leute, die sind ewig resistent. Zu denen gehöre ich übrigens auch.

Bleiben wir vielleicht einmal bei der Frage, ob man damit Geld verdienen kann: Ich denke ja, man kann mit Car2Car-Anwendungen definitiv Geld verdienen, wenn man einen glasklaren Kundennutzen schafft wie dieses Gefahrenwarnsystem. Ich kann mir nicht vorstellen, das Leute das nicht kaufen, wenn man gut kommuniziert, es reduziert sich die Zahl der Auffahrunfälle um so und so viel – und zwar nicht allgemein kommuniziert, sondern: Für Sie reduziert sich die Gefahr in einen Unfall verwickelt zu sein. Sie können so und so viele Tausend Kilometer unfallfreier fahren als normalerweise. Dann kann man das verkaufen.

Dann spielt das Pricing eine Rolle. Klar, wenn der Einführungspreis bei 2.000 Euro liegt, dann kauft das wahrscheinlich keiner. Aber das kann man rauskriegen. Da muss man vorher ein bisschen Befragung machen und da muss sich auch die Unternehmensstrategie Gedanken machen. Man kann Systeme mitunter nicht wahnsinnig billig machen, aber in dem Fall, wo nicht Status, wo nicht Lifestyle, sondern nun mal die Sicherheit angesprochen wird, da kann man das so machen, dass das einigermaßen erschwinglich ist. Die anderen Systeme die Lifestyle sind, die muss man teuer machen, weil sie sonst kein Lifestyle sind. Das spielt hier nicht die Rolle.

I: Kurze Zwischenfrage: Würden Sie eine Gefahr darin sehen, dass Kunden, die ein neues Auto kaufen, die bestmögliche Sicherheit schon erwarten, dass sie das voraussetzen, dass sie das bestmögliche Sicherheitssystem drinnen haben und deshalb auch nicht gewillt sind, für Sicherheit extra etwas zu bezahlen, zB als optionales Zusatzfeature, sondern sie wollen – Stichwort ASB, ESP – das den neuesten Sicherheitsstandard bereits im Auto haben.

B: Das hat etwas mit relativen Gesetzmäßigkeiten zu tun. Wenn Sie schon etwas vom Kano-Modell der Kundenzufriedenheit gehört haben, dann ist eine der Grundaussagen des Modells – und das stimmt meiner Ansicht nach auch – dass sich Menschen mit bestimmten Innovationen begeistern können. Es geht also immer um Erwartungsdruck. Und dann gibt's aber eine zeitliche Entwicklung, also das, was einfach unerwartet war, wird im Laufe der Zeit natürlich irgendwann erwartet, weil man das kennt und dann will man's. Und dann wird das mit der Zeit relativ unerwartet. Da kann man punkten, wenn man's bringt, verliert aber nichts, wenn man nichts bringt. Bloß, wenn man es erwartet, dann ist es so, dass Sie verlieren – es gibt eine Mittelstufe, die nennt sich dann Leistungsfaktor, das heißt, ich gewinne Punkte, wenn ich es gut mache und verliere Punkte, wenn ich es schlecht mache. Da geht's darum, wie gut ist es umgesetzt. Und dann gibt's Systeme, die sind derartig basal, solange am Markt und werden derartig vorausgesetzt, dass Sie damit nichts mehr gewinnen können. Das ist das, was Sie wahrscheinlich gerade ansprachen: Die Leute gehen davon aus, das muss eh drin sein und wenn mir das einer erzählt, dann regt sich bei mir nichts, außer vielleicht Wut darüber, dass er mich für so blöd verkaufen wollte, indem er mir das noch mal verkauft.

Ich denke man darf das nicht pauschal als Sicherheit verkaufen. Man muss schon so ein System schon identifizierbar machen für den Kunden und auch den Kundennutzen dieses Systems. Das muss sein, um es gut verkaufen zu können. Wenn wir sagen, wir haben das Auto mit den neuesten Sicherheitsfeatures und das kostet so und soviel, dann fragt der Kunde, warum ist das teurer geworden?

Natürlich ist das so, dass bei einem Premiumhersteller Sicherheit ein hohes Kaufmotiv ist. Status spielt eine Rolle, aber man verspricht sich davon eine bessere Straßenlage und mehr aktive und passive Sicherheit. Aber es wird auch diesem Systemen so gehen: Bleiben wir einmal beim Gefahrenwarner, weil das ein absoluter Klassiker ist: Zum Anfang werden die Leute begeistert sein. Nicht jeder hat vielleicht das Geld sich diesen zu kaufen, aber jeder würde ihn gerne haben wollen. Wenn er 10 Jahre auf dem Markt ist, oder vielleicht schon 5, bei der Generationsgeschwindigkeit, die wir derzeit haben, dann redet vielleicht auch schon keiner mehr so richtig drüber. Dann muss so was in einen Packagepreis rein – nach einer Weile. Aber zum Anfang können Sie diesen noch extra auspreisen und auch vernünftig verkaufen können.

I: Als Einmalerlös oder als monatlichen Erlös?

B: Wenn Sie das Bezahlmodell ansprechen: Ich hab das in der Automobilbranche noch nie anders angetroffen: Ich kaufe einmal etwas und dann hat sich das erledigt. Solche Pay-per-Use-Modelle, die in der Kommunikationsbranche gang und gäbe sind, haben die Automobilbranche noch nicht erreicht. Wenn Audi vorhat, das in zwei Jahren zu verkaufen, dann würde ich sagen, verkauft es aus Zusatzausstattung, die man wählen kann. Oder was auch noch geht: Als fest eingebauten Bestandteil. Damit ist das Auto dementsprechend teurer, muss aber transparent sein für den Kunden in irgendeiner Form. Sonst gibt es Ärger. Man kann den Mehrwert etwas schlecht kommunizieren, wenn man zwei Systeme zusammenfügt und sagt, das Auto kostet 5.000 Euro mehr. Und dann fängt man an den Leuten im Internet zu erzählen, das Auto macht das und das… Das Thema ABS und ESP wurden ja auch separat kommuniziert. Und die Leuten haben „Ja" gesagt, heutzutage will jeder ABS haben. Und es zweifelt ja heute keine mehr an diesen beiden Systemen. Das ist der Lauf der Dinge.

Ich würde es wirklich erst separat kommunizieren. Einige Systeme werden dann ja auch billiger, wenn der Markt da ist.

Noch zum Geld verdienen: Ein System, das zB die aktuell vorgeschriebene Geschwindigkeit anzeigt, gibt´s ja schon. Ich weiß jetzt nicht, wie dynamisch das auf ständige Änderungen der Geschwindigkeit, zB bei Baustellen, reagiert. Aber im Grund genommen gibt´s das ja schon. Damit kann sicherlich nicht besonders viel Geld verdienen. Das ist zB was, da würde ich kaum, sagen, 50 Euro und du hast das Ding drin. Weil das ist etwas, das gehört so derartig integral in ein Anzeigekonzept drin, dass die Leute das nicht separat wahrnehmen wollen. Man kann das nicht pauschal sagen. Man muss sich die Systeme einzeln ankucken. Über jedes System kann man neu diskutieren, lohnt sich das wirklich, es als identifizierbares Zusatzfeature auf den Markt zu bringen oder bringt das mehr als kaufanregendes Merkmal eines Gesamtkonzeptes?

I: Als Abschlussfrage: Wie könnte Ihrer Meinung nach eine ideale Einführungsstrategie auf Basis der Kundenakzeptanz aussehen? Sie haben am Anfang angesprochen, zuerst Car2Car und Car2Infrastructure. Was sind so die Eisbrecher?

B: Ich mach´s mal einfach. Wenn Sie jetzt wirklich Car2X Communication kommunizieren wollen, dann ist so etwas Einfaches wie der Geschwindigkeitsmelder nicht besonders teuer, und macht den Leuten eindeutig deutlich, hier kommuniziert etwas mit mir. Ich hab da nicht irgendwas Zuhause am Computer eingegeben, sondern die Infrastruktur kommuniziert mit mir. Cool! Das wäre also mein Eisbrecher. Kostet nicht viel und macht richtig was her. Aber man muss nicht alleine die Verkehrsschilder sehen, sondern man kann Car2Infrastructure auch noch anders sehen.

I: Dynamische Verkehrsinformationen?

B: Ja, zum Beispiel. Jetzt spinne ich mal: Wild auf der Fahrbahn. In Brandenburg ist die häufigste Unfallursache Wild. OK, das kann man versuchen, über das Auto zu regeln, das Nachsichtsysteme oder Dämmerungssysteme hat. Aber man könnte – jetzt wirklich mal gesponnen – sagen wir mal irgendwelche Wärmesensoren in der Infrastruktur drinnen haben und erkennen, OK, das ist ein typisches Wildmuster und dann warne ich – fiktiv. Das ist nichts für die

Markteinführung, weil die Infrastrukturausstattung über weite Strecken wahrscheinlich unheimlich teuer ist. Verkehrsschilder ist etwas anderes, da mach ich einen kleinen Sender dran und das funktioniert.

I: Man könnte ja auch den Wildbestand mit RFID-Chips ausstatten, die dann Infos aussenden, wenn ein Reh auf der Straße ist...

B: OK, aber dann wäre das nicht mehr Car2Infrastructure, sondern Car2Animal...

I: Jetzt habe wir zusammen gerade eine neue Klasse von Car2X-Diensten kreiert...

B: Car2Infrastructure könnte aber auch alles sein, was mit temporären Veränderungen der Infrastruktur zu tun hat. Nehmen wir ein Autobahnkreuz und es ist irgendeine Abfahrt gesperrt, dann können Sie sicherlich die Infrastruktur kommunizieren. Es ist sowieso schon eine schwierige Auswahlsituation durch das Autobahnkreuz und wenn dann noch irgendetwas nicht funktioniert... Ich kann mir zwar gerade nur schwer ein System vorstellen, dass das ganze regeln kann. Das wird wahrscheinlich auch über Navigation gehen. Aber deswegen ist meine Lieblingsvariante hier wirklich – auch wenn´s billig klingt – der Geschwindigkeitswarner.

Dann der Gefahrenwarner, der ist der Knaller. Ich denke mir mal, das ist auch technologisch gelöst, oder? Das muss doch gehen, wenn wir über Car2X reden?

I: Ich bin jetzt auch nicht der Techniker, aber mein Eindruck ist, dass Marketing-Leute, ich hab mit einer Agentur gesprochen, die das COOPERS-Projekt betreut, die organisatorischen Probleme sehen. Cornelius Menig als Techniker sieht in erster Linie technische Probleme, damit das ganze funktioniert. Wenn man jetzt nicht ganz so technikaffin ist, dann stellt man sich das ganze vielleicht leichter vor als es ist. Es sind sicherlich noch einige technologische Herausforderungen zu meistern.

B: Aber wir sind ja schon beim Feldtest. Es dauert ja nicht mehr lange. Da sind schon etliche Jahre Entwicklungsarbeit vergangen. Und etliche Ministerien und von Europa geförderte Projekte sind da drin. Seit Jahren! 8 Jahre… Man wundert sich eigentlich nur, dass es noch nicht klappt, aber ich hab hohen Respekt vor dieser Ingenieursarbeit, denn das ist mit sicherlich sehr kompliziert. Alles was mit organisatorischen, staatlichen Regelungen und Haftungsfragen – das ist ein Riesenproblem aus meiner Sicht – zu tun hat, hält den Verkehr ein bisschen auf.

Trotzdem bin ich der Meinung, dass diese Gefahrenwarnungsfunktion eine der wirklich absoluten Eisbrecherfunktionen ist, die man auch wirklich als erstes bringen kann. Es kann ja auch so was sein, dass man die Fahrdynamik oder Daten wie Blitzer oder Eis kommuniziert. Es muss ja nicht immer ein Stau oder Unfall sein. Im besten Fall wird es ja so sein, dass wir gar keine haben, wenigstens so wenige, dass es kaum noch etwas zu kommunizieren gibt. Und dann sind´s halt andere Gefahrenquellen, die kommuniziert werden können, zB eine Baustelle, wo man auf einmal abbremsen muss. Jede spontane Abbremsung auf der Autobahn, wo man um 30 oder 40 Km/h nach unten kommt, kann man ja kommunizieren.

Wenn so etwas nicht geht, dann sind auch die anderen Car2x-Anwendungen schwierig. Auch technologisch gesehen, müssten die dann schwierig sein. Denn die Sensordaten hat man ja garantiert. Ich glaube alles was man im Auto hat, dürfte nicht die Schwierigkeit sein mittlerweile. Es kann nur um die Kommunikation gehen. Und wenn man das Kommunikationsproblem nicht löst, dann braucht man auch über die Markteinführung von Car2X nicht reden.

Mein Lieblingsthema Navigation ist hier überall versteckt. Letztendlich brauchen Sie ja so was wie eine Positionsbestimmung und eine Kommunikationsfunktion, also wie schnell ich bin, gebe ich eine Message, wo ist Stau? Und dann muss das ganze vernünftig gematcht werden in einem intelligenten Navigationssystem, was dann Alternativrouten errechnen kann. Das heißt, das ist auch eine gute Sache. Aber ich glaube das ist keine Frage der Auto-, sondern der Navigationsgerätehersteller und der Kommunikationsunternehmen. Die scheinen mir da eher am Ball zu sein, als die Hersteller.

I: OK. Nummer 1 also Car2Car. Nummer 2 Car2Infrastructre. Wie sieht´s mit den restlichen nicht sicherheitskritischen Klassen aus? Das sind dann eher kommerzielle Komfortdienste, zB Car2Enterprise. Auch ein etwas gesponnenes Beispiel: Tankstellen erweitern ihr Produktsortiment. Während des Tankens wird es möglich sein, sich die neuesten Straßenkarten oder mp3-Musik über WLAN direkt ins Auto zu downloaden. Hier könnten auch Tankstellen Interesse haben, hier Sortiment auch auf digitale Produkte zu erweitern und etwas völlig Neues und Innovatives anzubieten.

B: Das ist wieder so etwas, was Sie mir bei Car2Home vorgeschlagen haben. Es geht also darum, über WLAN stationär Daten ins Auto zu spielen. Das kann man machen. Das ist vielleicht ein bisschen ähnlich wie Coffee2Go. Das hat bei uns jetzt keiner als wichtig erachtet, weil die Leute über ihre Probleme gesprochen haben. Wenn jetzt ein kleines Team bei Audi beschließt, sie wollen das vorantreiben, dann kann das klappen. Denn die Leute haben beim Tanken ohnehin Langeweile und stehen da rum. Das kann für eine junge Zielgruppe, die besonders musikaffin ist, oder von mir aus für Ältere mit diesen Hörspielen, durchaus interessant sein, weil es etwas ist, was es vorher nicht gab. Das revolutioniert jetzt nicht das Autofahren, aber wenn man ein kleines Prodüktchen haben möchte, dann würde das gehen.

Es verblasst jetzt in seiner Bedeutung gegenüber dem ganzen Rest, denn das ist nur so eine Spielerei. Aber das kann ich mir schon vorstellen. Wenn Sie da Tankstellen als Kooperationspartner gewinnen können, kann man das absolut versuchen. Zu teuer ist es auch nicht.

Aber ich weiß nicht, ob man sich als Hersteller damit differenzieren kann. Das sind immer so Sachen, wo ich mir denke ahh! Was würden Sie denn als Hersteller dafür tun? Hätten Sie ein Audi Gerät oder was wäre Ihr Beitrag?

I: Es ist natürlich schwierig da Exklusivverträge mit Tankstellen abzuschließen. Klar, das ist ein Problem. Ein anderes Beispiel ist bei Schnellrestaurants, wo WLAN-Hotspots oft schon aktiv sind. Dass man zB über weite Strecken, dank dem Multihopping über andere Autos und die Infrastruktur sein Essen bestellt und auch bezahlt. Und dann nur noch vorbeifährt und das fertige Essen mitnimmt. Drive-through-Payment ist ja auch so ein Schlagwort.

B: Das hatten wir bei unserer Studie auch: Wir hatten ein Szenario mit dem Einkaufen. Man bestellt unterwegs schon, wenn man zB an der Ampel steht. Die stellen einem das hin. Man kommt an, nimmt´s mit und fährt los... Das spielte im Verhältnis zu den anderen Diensten keine Rolle! Ordering, Shopping, Paying.

Wie gesagt, wenn ihr da wirklich ein cooles Feature bietet, eine kleine Substichprobe erwischt, dann kann´s klappen. Nehmen Sie sich McDonalds, die sind schon so schnell, dass man Fernbestellung gar nicht mehr braucht. Wenn das Prinzip – egal ob ohne WLAN – schon realisiert wird: Hinkommen, nur kurz stehen, Ware entgegen nehmen und bezahlen. Dann kann das auch klappen. Ich will diese Idee nicht sofort vernichten.

I: Aber es ist jetzt so sehr vom Kunden gewünscht?

B: Nicht in der Breite. Damit kann man mal in der Zeitung stehen. Aber ich würde mir wirklich überlegen, was mir das als Automobilhersteller bringt. Was bringt das meinem Image, wenn ich mich um so was kümmere, anstatt das Autofahren komfortabler zu machen.

I: Ich frag deswegen so detailliert nach Zusatzdiensten, weil sich bei Automobilherstellern einfach herauskristallisiert, dass zwar Car2Car und Car2Infrastructure, die Dienste sind, die am meisten Sinn machen, die den meisten Mehrwert für den Kunden bringen. Aber aufgrund von technologischen Problemen es jene Dienste sein werden, die erst ganz zum Schluss eingeführt werden können. Deshalb benötigt man als Beginn, damit sich irgendwann mal die technische Verbreitung ergibt, Eisbrecher. Aus diesem Grund überlegt man mit Zusatzdiensten schrittweise den Weg zu Car2Car zu ebnen.

B: Pauschal halte ich das für nachvollziehbar, aber nicht gerade für eine glückliche Entwicklung, wenn man das so macht – aus mehreren von mir bereits thematisierten Gründen. Zum einen sind die Sachen nicht besonders wichtig. Zum anderen will ein Automobilhersteller auch Gewinn machen, davon lebt es auch, muss es auch.

Nehmen wir noch mal die Musikgeschichte mit der Tankstelle, das ist ein gutes Beispiel: Wenn ein Musikanbieter das macht oder irgendjemand, der mobile Musikgeräte herstellt, dann sagen die Leute coole Idee. Kommt Audi auf diese Idee, dann fragen die Leute, was soll denn der Quatsch. Ich hab keinen Audi Radio und keinen Audi mp3-Player, sondern vielleicht von Macintosh...

I: Aber ist das vielleicht nicht eine Chance wie man es im Zuge der Medienkonvergenz gesehen hat, dass zB Coca-Cola plötzlich mp3-Musik verkauft?

B: Coca-Cola ist aber Lifestyle.

I: Audi fährt auch sehr stark auf dieser Lifestyle-Schiene, zB dank dem Design.

B: Wenn das gewollt ist... Wie kann ich mir das vorstellen? Dass Audi als Marke herhält dafür, dass du bei uns cool bist und die Musik erhältst, die du willst und deine Cola schon drei Stunden vorher bestellen kannst. Also ich würde mir das gut überlegen. Muss ich ganz ehrlich sein.

I: Das ist nur eine von vielen Ideen.

B: Kann ich verstehen. Wenn das nicht klappt, suchen die Leute nach Ausweichmöglichkeiten.

I: Also dass Car2Car einmal klappt, das ist klar. Aber zu Beginn...

B: Das ist für mich so ein bisschen eine Wiederholung der Bundesliga aufs Handy. Sie haben jetzt das eine Beispiel genannt, mit dem Musik-Überspielen ins Auto beim Tanken. Das find ich jetzt nicht so verurteilenswert, weil das Totzeit ist. Cooler würden es die meisten Leute wahrscheinlich finden, wenn sie gar nicht in die Tankstelle gehen müssen, sondern vom Auto aus bezahlen können. Dann haben Sie tatsächlich einen Mehrwert, brauchen nur noch ranfahren und nur noch aussteigen, wenn Sie sich die Beine vertreten wollen oder was zu Essen holen wollen. Das ist für Tankstellen womöglich eine blöde Idee, weil sie dann den ganzen Plunder nicht loswerden, denn sie da aufgebaut haben mit ihren Schokoriegeln und Zeitungen.

I: Da gibt´s bereits Studien dazu, die diese berechtigten Sorgen der Tankstellen entkräften.

B: Wenn man so etwas machen will, dann braucht man wirklich sehr intelligente, auf den Kundennutzen fixierte Dienste. Machen Sie etwas, das kein Mensch oder nur zwei Prozent der Bevölkerung brauchen, zB Typen, die sowieso schon mit dem Kopfhörer durch die Gegend laufen, die finden das auch cool, wenn sie mal was downloaden können. Aber der normale Autofahrer… Ich weiß nicht wie alt der durchschnittliche Audi Fahrer ist…

I: Immer noch im höheren Altersegment. So zwischen 40 und 60 schätze ich…

B: Sicherlich segmentabhängig. Das ist mir klar. Pauschal halte ich das für keine gute Idee. Es mag sein, dass es irgendwann mal etwas gibt, wo man einen Nutzen identifizieren kann. Aber das hängt dann vom System ab und ich denke die Mehrzahl der Systeme wird diese Eigenschaft nicht besitzen.

Also wenn ich jetzt Audi wäre und hätte im Produktmanagement etwas zu entscheiden, Audi als Lifestyle …?

I: Das wäre halt auch eine Chance sich zu differenzieren. Car2Car und Car2Infrastructure bieten ja keine Chance zur Differenzierung von den Mitbewerbern. Man ist ja angewiesen auf die Konkurrenz und muss sich ja gemeinsam Gedanken machen. Deshalb gibt´s ja auch das Car2Car Consortium. Das Ziel von Audi ist ja letztendlich auch, wir wollen Marktführer sein – überall. Unter den Premiumherstellern und letztendlich auch bei Car2X. Und das wäre eine Möglichkeit, dieses Ziel zu erreichen, indem man sich ganz klar abhebt und eine USP kreiert.

B: Ich verstehe die Motivation vollkommen, glaube aber nicht, dass das der richtige Weg ist, das zu erreichen.

I: Was wäre Ihrer Meinung nach eine Möglichkeit, sich zu differenzieren?

B: Mir ist das einfach zu weit weg vom Autofahren. Abgesehen vom HMI, über das sich jeder Hersteller versucht zu differenzieren, weil es sicherlich auch eine Spielwiese ist. Wenn man zB Dienstleistungen anbietet, die mit dem Fahren zu tun haben, dann habe ich nichts dagegen. In der Tankstelle Musik nachladen, das geht ja noch. Aber das ist nichts für einen Autohersteller, um sich von seiner Konkurrenz abzuheben. Dann können Sie versuchen mit Nokia Konkurrenz aufzunehmen.

I: Das zweite Schaubild wollte ich Ihnen eigentlich schon eine halbe Stunde früher zeigen. Welche Stakeholder fehlen Ihnen noch, welche halten Sie für überflüssig? Sie haben vorher den Trend mit Coffee2Go angesprochen, der aus Amerika rübergeschwappt ist und den am Anfang keiner haben wollte. Aktuell gibt´s im Amerika den Trend, dass ganze WLAN-Städte aufgebaut werden. Das ist natürlich ein unglaubliches Potenzial für Car2Infrastructure, denn dann wären die technologischen Probleme plötzlich gelöst – von anderen.

B: Alle Leute, die sich irgendwie mit Car2X beschäftigen hoffen auf den öffentlichen Bereich, dass die einmal sagen, ok, wir übernehmen die Führungsrolle und wollen unsere Interessen wie erhöhte Verkehrssicherheit oder Minimierung von Staus verwirklicht wissen. Das wollen wir uns etwas kosten lassen und schreiben gesetzlich vor, dass in jedem Auto so ein System drinnen sein muss. Ob das passiert, weiß ich nicht. Immerhin hat man´s geschafft, dass der elektronische Notruf in jedem neu zugelassenen Wagen drin sein muss. Das war auch eine Forderung von uns, dass das passiert, um diesen Systemen eine Tür in dem Markt zu öffnen.

Nehmen wir mal die Städte als öffentlichen Interessenten her: Eine Stadt überleg sehr genau, ob sich ein System für die Stadt rechnet oder nicht. Die haben ihr lokales Budget und sagen ok, wir müssen jetzt 15 Mio. in den Aufbau dieser Infrastruktur stecken. Dann muss man mit dem jeweiligen Bürgermeister reden. Das wird sicherlich ein sehr schwieriges Unterfangen werden. Wichtig ist aber, dass die dabei sind, denn die Kommunalpolitik ist eine der tragenden Säulen für solche Entscheidungen. Die sind auch der Hauptansprechpartner von vielen Leuten, die so was herstellen. Das ist weniger der private Kunde erster Ansprechpartner, sondern Städte, wenn es darum geht, Projekte wie zB die Innenstadtmaut zu verwirklichen. Und die sind in dem Bereich für mich sicherlich deutlich wichtiger als die EU, die wie die Regierungsbehörden eher gesetzgebende Funktion hat. Aber mit denen muss man sicherlich reden, aber an die EU wird man nichts verkaufen können.

I: Ich hab versucht, all jene, die irgendwie Interesse an Car2X haben oder davon in irgendwelcher Weise betroffen sind, zu ordnen. Das war die Überlegung.

B: Versicherer sind sicherlich immer eine große Hoffnung. Die könnten am ehesten einen wirklichen Mehrwert bringen, sei´s jetzt, um den Fahrstil zu kontrollieren. Das gibt´s ja schon seit längerem, dass die Zeit, wann sie fahren, darüber entscheidet, wie hoch die Prämie ist.

Mir fällt jetzt nicht mehr soviel ein, außer dass dieser Bereich wichtiger ist, also, dass es nicht nur Versicherer und Sonstige gibt, sondern dass man Contentanbieter und sonstige Dienstleister etwas mehr würdigt. Jeder, der irgendetwas verkaufen möchte, kommt aus dieser Schiene. Sei es der Tankwart oder Metro. Die stehen ganz am Anfang, denn die bezahlen das meiste Geld.

I: Die letzten zwei Fragen: Wann rechnen Sie auf Basis Ihrer Akzeptanzstudien mit einer Markteinführung?

B: Sie haben mich ein bisschen deprimiert mit den technischen Schwierigkeiten dieser Systeme…

I: Das war nicht meine Absicht…

B: Die Markteinführung wird natürlich schrittweise vor sich gehen. Es ist auch richtig, dass es Eisbrecher-Anwendungen geben wird, die ein bisschen schneller kommen werden als andere. Gut, dass es gerade aus meiner Sicht die sinnlosesten und nutzlosesten sein werden, die die Vorreiterrolle übernehmen sollen, halte ich für keine gute Idee. Das Ideale wäre, man findet eine sinnvolle Einführungsanwendung, die man von mir aus bei Car2Enterprise anwenden kann, aber die irgendwie beim Fahren hilft. Die Baustelleninformation und die Landkarte, die man bei der nächsten Tankstelle auslest, das hat noch irgendwo mit Fahren zu tun, da wäre ich noch dabei – ich weiß nicht wozu man unbedingt eine Tankstelle braucht.

Wann das passiert? Ich bin der Meinung, dass der Markt für Systeme wie die Gefahrenwarnung sehr schnell da ist, wenn sie durch die Feldversuche, die ganzen juristischen Reglementierungen durch sind und das ganze marktreif ist. Das braucht keine Jahre, bis man das System am Markt hat. Es liegt ja jetzt an den Konsortien und Herstellern, wie schnell die das fertig kriegen. Deswegen fehlt mir jetzt ein bisschen die Möglichkeit zu sagen, das dauert drei Jahre, weil ich nicht weiß, wie lange es dauert, bis sie´s fertig kriegen.

Solche Sachen wie, du kannst dir deine Navigationsroute von Zuhause ins Auto überspielen: Wenn ich davon ausgehe, dass es das schon gibt, aber bloß noch nicht wireless ist, dann würde das sehr schnell gehen können. Wenn es sinnvoll ist fürs Fahren, dann ist es ok. Jedoch glaube ich nicht, dass man sich an den PC dransetzt und damit das mobile Navigationssystem toppt. Warum sollen die Leute zwei Systeme benützen, da würde ich sehr überrascht sein. Es sei denn es bringt irgendeinen Mehrwert. Dass die Leute über den Computer bessere Informationsquellen haben. Dann vielleicht schon wieder.

I: Wie wird´s weitergehen? Was ist ihr Zukunftsausblick für Car2X?

B: Es wird definitiv kommen. Das führt gar kein Weg dran vorbei.

I: Wird es der Kunde akzeptieren und wünschen?

B: Das hängt von der Anwendung ab. Eine pauschale Akzeptanz und Jubelstimmung wird's nicht geben. Man muss einfach Systeme herstellen, die dem Kunden einen Mehrwert und Sicherheit vermitteln, sodass es ihm wert ist, dafür etwas zu bezahlen. Dann würde es sich durchsetzen.

I: Und das muss man dann auch kommunizieren und Bedarf für einzelne Dienste schaffen, die jetzt nicht so gewünscht werden?

B: Das ist ja wie gesagt die Aussage dieser Akzeptanzstudien. Wenn Sie das wirklich unbedingt in den Markt drücken wollen, was jetzt Ihre Anfangsszenarien aus technischen Gründen sind, dann rechnen Sie damit, Sie werden viel Widerstand erleben und Sie müssen viel Aufwand betreiben, um die Leute aufmerksam zu machen, dass das jemand braucht. Dann kann das auch klappen, wenn man es geschickt macht. Aber es wird nicht ganz billig.

I: Wie so oft. Herr Dr. Beier, danke, dass Sie sich für dieses Experteninterview Zeit genommen haben, auch weil wir einiges überzogen haben. Herzlichen Dank.

B: Gern geschehen. Macht nichts.

Leitfaden für das Experteninterview mit Dr. Matheus zur Markteinführung von Car2X-Diensten

Erklärung über Ablauf des Interviews: 6 Themenfelder mit mehreren offenen Fragen; pro Themenfeld ca. 10 Min. Zeit veranschlagt -> ca. 1 h Interviewdauer

Interview vor dem Hintergrund: „Wie kann Audi seine Car2X-Dienste in den Markt einführen und zum Marktführer unter den Premiumherstellern werden?"

1. Einschätzung & Motivation

Bitte erklären Sie kurz die Motivation für Ihre Forschungstätigkeit im Bereich von Car2X. Was war das Ziel dabei? Wie denken Sie als Wissenschaftlerin über Car2X-Dienste?

2. Voraussetzungen und Erfolgsfaktoren

Was sind Ihrer Meinung nach Voraussetzungen, was kritische Erfolgsfaktoren, damit die Markteinführung von Car2X gelingen kann?

Ist eine Markteinführung nur mit ausreichender Durchdringung von On-Board-Units möglich? (FORSCHUNGSFRAGE!)

3. Kooperationen

Könnte man Ihrer Meinung nach die notwendige Penetration von On-Board-Units umgehen? Gibt es Alternativen?

Im ersten Teil Ihrer Studie „Business Model and Market Introduction" vom November 2004 haben Sie den Trend zum Aufbau von WLAN-Hotspots erwähnt. Wie sehen Sie den aktuellen Trend, dass ganze Städte flächendeckend und Autobahnabschnitte testweise mit WLAN ausgerüstet werden?

Trend zum vermehrten Aufbau von WLAN-Infrastruktur durch die öffentliche Hand, Abschluss von Kooperationen mit WLAN-Städten macht ein früheres Funktionieren von Car2Car-Diensten möglich, verbessert ihre Qualität und gewährleistet vielfältigere Dienste -> Audi Marktführerschaft

- Gemeinden reduzieren Verwaltungskosten durch flächendeckenden WLAN-Einsatz
- FON baut WLAN-Städte in Europa
- ASFINAG testet WLAN-Autobahnstrecke in Österreich

Inwieweit könnte die notwendige Durchdringungsschwelle für Car2Car-Anwendungen durch Kooperationen mit Partnern sinken, die flächendeckend WLAN in Städten und auf Autobahnen aufbauen?

Können strategische Kooperationen zu einer Marktführerschaft von Audi in Sachen Car2X beitragen?

Audi kann dank exklusiver Verträge mit Infrastrukturpartnern als erster Dienste anbieten, die nur ab einer gewissen Penetration funktionieren und sich somit von der Konkurrenz abheben.

4. Stakeholder, Kostenstruktur und -verteilung

- **! Diskussion Schaubild Stakeholder**

Folgendes Schaubild zeigt die wichtigsten Car2X-Stakeholder. Welche fehlen Ihnen noch?

Wie schätzen Sie die Bereitschaft einzelner Gruppen ein, in Car2X zu investieren?

Lassen sich die Kosten für die Markteinführung auf mehrere Stakeholder verteilen?

5. Car2X-Dienste & Markteinführung

- ! **Diskussion Schaubild und einzelne Car2X-Dienste:**

Wie könnte Ihrer Meinung nach eine Reihenfolge bei der Einführung der verschiedenen Car2X-Anwendungen aussehen?

Welche Car2X-Dienste könnten zuerst auf den Markt gebracht werden?

Welches Markteinführungsszenario erscheint Ihnen aus heutiger Sicht am vielversprechendsten?

6. Zeitrahmen für Einführung

Ende 2008 wird das amerikanische Vehicle Infrastructure Integration Consortium ein Commitment beschließen, das die Markteinführung von Car2X regelt und sie dazu verpflichtet.
Wann rechnen Sie mit einem ähnlichen Commitment europäischer Automobilhersteller?

Nach Angaben des Car2Car Communication Consortiums kann in 3 bis 5 Jahren mit der Serienentwicklung entsprechender Systeme begonnen werden, was eine Markteinführung in etwa im Jahre 2013/14 bedeuten würde. Verschiedene Experten rechnen jedoch 2012 mit der Verfügbarkeit erster Systeme.

Wie wird es weitergehen mit Car2X? Welchen Zukunftsausblick sehen Sie als Wissenschaftlerin?

BACKUP & ZUSATZFRAGEN:

Was wurde aus dem VW-Projekt „Wireless City" in Wolfsburg?

In den USA kalkuliert das Vehicle Infrastructure Integration Consortium die Kosten für den Aufbau einer Kommunikationsinfrastruktur mit 3,2 bis 4,8 Milliarden US-Dollar.

Wie hoch schätzen Sie die Kosten für den Aufbau einer ähnlichen WLAN-Kommunikationsinfrastruktur in Europa?

Transkript des Experteninterviews mit DR. MATHEUS zur Markteinführung von Car2X-Diensten

Gespräch mit DR. KIRSTEN MATHEUS, *CARMEQ*
Ort und Datum: Berlin, 27. Juli 2007, 15:30 bis 16:30

Begrüßung, Hintergrund

Interviewer: Sie beschäftigen sich ja schon sehr lange mit Car2X. Was war die Motivation für Ihre Forschungstätigkeit und was das Ziel dabei?

DR. MATHEUS: Die Motivation war einfach der Auftrag vom Kunden Volkswagen: Untersuche Car2X im Rahmen dieses Projektes Network on Wheels. Und mehr Motivation hab ich in dem Moment dafür nicht mehr gebraucht. Das Ziel war letztendlich zu kucken, ob es sich wirtschaftlich rechnet und ob es ein Einführungsszenario geben kann, also sehr ähnlich, was Sie auch in Ihrer Studie drin haben.

I: Wie denken Sie als Wissenschaftlerin und wie als Privatmensch über Car2X?

M: Als Wissenschaftlerin find ich´s natürlich ein hochspannendes Thema, vor allem als Ingenieurin. Ich glaube also nach wie vor, dass das Fahrzeug in die vernetzte Welt des Kunden integriert werden wird. Ob das jetzt genau über Car2Car passieren wird, kann ich mir gerade anhand meiner Ergebnisse nicht vorstellen, wie das funktionieren soll. Wie´s tatsächlich in den Markt eingeführt werden kann, da hab ich keine Idee.

Als Privatperson kann ich mir diese Sachen schon vorstellen. Das ist natürlich interessant. Das steht gar nicht zur Diskussion. Wenn man sich die Integration vom Fahrzeug in die vernetzte Welt ankuckt, dann gibt´s ja mehrere Aspekte. Das eine ist die Nutzung von Dingen im Fahrzeug, die ich auch außerhalb nutze. Also das Fahrzeug ist im Grunde nur ein anderer Lebensraum, so wie das Büro, Zuhause oder die Wiese. Ich mache das gleich im Fahrzeug. Das andere sind sicherlich Fahrzeugdienste, die mir speziell im Fahrzeug nützen, zB die Location Based Service-Geschichte: Mein Tank beginnt leer zu werden und mir werden die nächsten Tankstellen angezeigt und was die kosten. Oder ich will irgendwo hinfahren und erhalte spezielle Informationen über den Ort. Das sind aber auch Dinge, die ich gegebenenfalls auch außerhalb des Fahrzeugs nutzen könnte, zB wenn ich mit meinem Handy durch eine Stadt laufe, die ich nicht kenne. Und das dritte sind dann die ganzen rein fahrzeugspezifischen Sachen, also Car2Car, wo's um technische Daten geht und natürlich die Diagnose-Daten. Das sind für mich die drei unterschiedlichen Gruppen. Und ich sehe alle drei als relevant an, aber ich sehe noch nicht genau, wie sie sich verbinden können, also wie's eine Technologie geben kann. Das halte ich für äußerst schwierig, aber das ist wieder die Wissenschaftlerin, die aus mir spricht. Als Privatperson würde ich dazu gar keine Meinung haben. Aber als Wissenschaftlerin weiß ich nicht, wie das je eingeführt werden soll. Es sei denn, der Staat macht's zur Pflicht.

I: Also Sie sehen's eher kritisch, dass die Einführung gelingen kann. Dazu kommen wir noch später. Die Studien, die Sie erstellt haben, sind ja mittlerweile schon wieder einige Jahre her. Gibt's seit dem wieder ähnliche Forschungsanstrengungen?

M: Für mich ist das Thema Car2Car oder die Untersuchung NOW abgeschlossen. Die ganze Untersuchung der Integration des Fahrzeuges in die vernetzte Welt ist immer noch ein Thema. Aber für mich fällt da Car2Car raus. Also für mich geht's da eher um Car2Infrastructure, also Car2X eigentlich.

I: Würden Sie das ganze auch als Paradigmenwechsel sehen, dass sich einfach ein komplett neues Betätigungsfeld eröffnet, dass es dank Car2X eine Innovation gibt, die so vorher nicht möglich war?

M: Würde ich so nicht sehen. Das ist schon was Neues. Es ist ja nicht wie ein klassisches Fahrerassistenzsystem und innerhalb des Autos autonom, sondern basiert auf Kommunikation zwischen Fahrzeugen und das ist etwas Neues. Aber einen Paradigmenwechsel würde ich damit nicht sehen. Einen Pardigmenwechsel würde ich sehen, wenn die Automobilindustrie sagt, wir übergeben alles was Infotainment betrifft nach außen, wir machen nichts mehr selber. Wir stellen nur noch einen Bildschirm, Verstärker und Lautsprecher zur Verfügung und alles andere kommt von außen. Das wäre ein Paradigmenwechsel, was im Rahmen dieser Geschichte auch passieren kann.

I: Was würden Sie Ihrer Meinung nach für Voraussetzungen und für kritische Erfolgsfaktoren sehen?

M: Eine Voraussetzung für Car2Car und dass sich Car2Car verkaufen kann, ist, dass ich eine gewisse Verbreitung am Markt habe. Ich kann´s nur verkaufen, wenn die Kunden einen bestimmten Nutzen haben und den haben sie erst, wenn´s eine bestimmte Verbreitung gibt und diese ist ja ziemlich schwierig zu erreichen.

I: Kann man sagen, dass eine erfolgreiche Markteinführung nur mit ausreichender Penetration von diesen On-Board-Units möglich ist?

M: Ja, das würde ich so sagen. Car2Car aber über Car2X einzuführen ist halt schwierig, weil es eigentlich nicht die gleiche Technologie sein kann. Das ist genau der Knackpunkt, den ich nicht auflösen konnte. Wenn Sie den auflösen können, dann super. Aber ich konnte es nicht.

Es kann keine spezielle Technologie fürs Fahrzeug geben. Car2X wird immer auf irgendetwas anderes aufbauen. Es gibt schon Dienste, die einen Kundennutzen haben, also die ganze Geschichte mit Pay-per-Use für Versicherungen, das machen ja einige schon. Also wenn Versicherungen abrechnen, was, wo und wie viel man tatsächlich gefahren ist. Das ist zB eine Vernetzung und eine Anwendung, die die Kunden auch annehmen, einfach deshalb, weil die Kunden einen Geldwert darin für sich sehen. Und die Versicherungen haben auch etwas davon, also so was wie eine WIN-WIN-Situation. Und dann ist es schon auch eine Anwendung, die eine gewisse Akzeptanz findet. Aber diese Anwendung bedarf nichts, was es heute nicht schon gibt. Diese Anwendung kann mit GSM als Funktechnik funktionieren. Mit GPS zur Ortung. Und damit braucht man eigentlich nichts von den Technologien, die man für Car2Car bräuchte.

I: Aber ist bei WLAN nicht der große Vorteil, dass es kostenlos ist und keine zusätzlichen Kosten an einen notwendigen Provider abführen muss?

M: Genau. Nur ist WLAN etwas, was man benutzt, um sich mit dem Internet zu verbinden oder mit den mobilen Endgeräten. Und damit ist es etwas anderes, was zwischen den Fahrzeugen genutzt werden soll. Und damit haben wir eine neue Technologie, die nur in geringem Maße aufeinander aufbaut und dann auch noch gerade bei Faktoren, die ich für sehr ungeschickt halte.

I: Welche Faktoren wären das?

M: Zum einen das CSMA, also das Carrier Sense Multiple Access, wo jeder, bevor er überträgt, zuerst in den Kanal reinhören muss, ob er frei ist. Und das ist bei Notbremswarnungen eigentlich ungeschickt. Ich mach jetzt eine Vollbremsung und das System muss warten, bis der Kanal frei ist, weil irgendjemand anders vielleicht die gleiche Frequenz auch benutzt. Das halt ich für das Ungeschickteste, was man übernehmen konnte. Man hat es übernommen, weil man auf die Chiptechnologie aufbauen konnte und kann´s dann billiger einführen, was ja auch Sinn macht.

I: Würden Sie sagen es sind zuerst noch so große technologische Hindernisse zu bewältigen, bevor Car2X auf den Markt kommen kann?

M: Nein, es ist eigentlich die Kombination. Die Technologie kann schon funktionieren. Car2Car kann aber nur funktionieren, wenn´s eine separate Frequenz und letztendlich auch Technologie hat. Aber damit es eingeführt werden kann, muss es auch für andere Dinge genutzt werden. Und diesen Widerspruch kann ich für mich nicht auflösen.

I: Wäre es möglich, dass Car2Car-Systeme mit Car2WLAN-Systemen kompatibel sein werden?

M: Ja, das ist ja die Idee. Aber technisch würde das heißen, jemand lädt gerade ein mp3 herunter und jemand anders will eine Notwarnung aussenden.

I: Waren Sie eigentlich beim Car2Car Forum in Ingolstadt?

M: Nein, ich war nicht da.

I: Da ist eben herausgekommen, dass sehr viele schon an solchen Priorisierungslösungen arbeiten, also, dass einfach die sicherheitskritische Botschaft den Vorrang gegenüber alle anderen Nachrichten genießt.

M: Das kann man machen, wenn's die eigene ist. Aber wenn der Kanal im Nachbarfahrzeug blockiert wird... Natürlich, das ist ein Problem, für das man eine Lösung finden muss und an dem gearbeitet wird. Aber ich find's nicht offensichtlich. Mir fehlt eher DIE eine Anwendung. Wenn es eine Killerapplikation gibt, die mir gerade nicht einfällt oder weil der Markt noch nicht so weit ist. Oder es sind auch Dinge, über die man – erst wenn man sie sieht und vor sich hat – denkt, ja genau, das hat es jetzt gebracht. Ja, das kann sein. Aber ansonsten sehe ich das nach wie vor recht kritisch.

Wenn aber der Staat sagt, das machen wir und er fördert das, dann kann es funktionieren. Und damit wird auf eine existierende Technologie aufgesetzt. Genauso wie bei GSM im Moment, die man, weil sie da ist, für Maut, für e-Call und alles Mögliche nutzt. Wenn etwas da ist, dann kann man einfach darauf aufsatteln. Aber Car2Car wird nicht einfach da sein. Also entweder der Staat sagt, wir wollen das. Aber das halte ich für extrem schwierig. Weil für viele Dinge gibt's andere Lösungen, die geschickter sind. Viele Unfälle passieren an Kreuzungen. Und da kann Car2Car eine Abhilfe liefern, aber nur bei einer Ausstattung von 90% aller Fahrzeuge. Und dann ist es billiger oder einfacher oder schneller, ich bau an Kreuzungen Linksabbiegerspuren oder Kreisverkehre. Damit kann ich den gleichen Effekt, nämlich die Reduzierung der Unfallzahlen, einfach mit anderen Mitteln erzeugen. Da brauche ich nicht warten bis Car2Car endlich soweit ist. Auch bei e-Call: Da kann jedes Fahrzeug eine Notmeldung absetzen. Über diesen Notruf, der in einer bestimmten Zelle passiert und über eine gewisse Koordinate, kann ich mit GPS-Daten gegebenenfalls auch andere Fahrzeuge warnen. In diesem Fall würde man über die Infrastruktur gehen. Dadurch, dass Car2Car solange braucht, weiß ich nicht, ob vielleicht die Grundanwendungen von anderen Dingen überholt werden.

I: Im ersten Teil von Ihrer Studie haben Sie den Trend zu WLAN-Hotspots erwähnt. Wie würden Sie den aktuellen Trend sehen, dass ganze Städte flächendeckend und auch Autobahnabschnitte mit WLAN ausgerüstet werden?

M: Das ist dann Car2Sonstiges. Ich bin mir nicht sicher ob es wirklich Car2Sonstiges sein wird oder nicht MobilesEndgerät2Sonstiges. Ob nicht einfach die Leute ihr mobiles Endgerät, das mit WLAN ausgestattet ist, dafür nutzen. Also ich bin skeptisch an dieser Stelle, weil ich hab´s an vielen Stellen schon probiert, auch in Städten wo es das bereits geben soll. Und ich habe immer wieder festgestellt, dass es immer wieder Zugangsbeschränkungen gibt. Also grad wenn eine Stadt mit WLAN ausgerüstet ist, heißt das noch lange nicht, dass ich überall surfen kann, was ich als Kunde erwarten würde.

I: Klar, da gibt´s unterschiedliche Geschäftsmodelle. Einige Gemeinden in Amerika erhalten einfach extreme Verwaltungseinsparungen durch WLAN, indem sie Gas-, Strom-, Wasserzähler dank WLAN auslesen können und nicht mehr für jedes Haus einen Mitarbeiter hinschicken müssen. Also die kalkulieren da beträchtliches Einsparungspotenzial und zusätzlich bieten sie ihren Bürgern drahtloses Internet an, das teilweise kostenlos ist, teilweise mit Gebühren versehen.

M: Es kann schon sein, dass sich WLAN weiter verbreitet, aber ich sehe dann, dass das Endgerät, das Mobilgerät ist. Und dann muss ich erstmal dafür sorgen, dass das Internet mobil wird. Das heißt, es müssen die Endgeräte WLAN-fähig sein, weil die Provider auch wollen, dass man das dann über UMTS macht. Also die wollen ja eigentlich nicht, dass man das umsonst über WLAN lädt, sondern die wollen, das man ihr Netz nutzt. Und dann sind die Internet-Seiten eigentlich nicht nutzbar auf mobilen Endgeräten. Es gibt schon Unternehmen, die machen so was. Aber das ist dann wieder das Henne-Ei-Problem. Also ich hab bisher noch nichts gesehen, was mich davon überzeugt, das Internet mobil zu machen. Ich bin zwar auch davon überzeugt, das es kommt und dass es der Weg wird, aber ich weiß noch nicht wie.

I: Sie haben die mobilen Endgeräte angesprochen. Ist es denkbar, dass auch das Auto ein mobiles Endgerät wird und diese WLAN-Infrastruktur mitnutzt? Sie haben vorher gesagt, dass wenn die öffentliche Hand für die notwendige Infrastruktur sorgen würde und praktisch die Einführung verordnet, dann wäre das ein sehr einfaches Einführungsszenario, das gelingen kann. Wäre es denkbar, dass man diese vorhandene WLAN-Infrastruktur mitnutzt?

M: Ich bin mir nicht sicher. Es muss ein sehr großer Fahrzeugbezug sein, damit Car2Car und damit Car2Infrastructure etwas wird. Auch zB eine Verkehrsschildererkennung kann ich anders machen. Da muss ich nicht auf jedes Schild einen Sensor setzen, sondern kann mit einer Kamera eine Bildererkennung machen. Es ist etwas ganz anderes, wenn es um Themen wie Maut geht. Da muss im Grund ein Land sagen, wir führen Maut über WLAN ein. Deutschland macht Maut nicht über WLAN, ich kenn kein Land, Frankreich nicht, Italien nicht, obwohl das eigentlich gut gehen kann. Sobald das eingeführt wird, sobald es Maut über WLAN gibt, gibt's auch Car2Car. Aber solange das nicht der Fall ist, ist es immer der einfachere Weg, ich hab mein mobiles Endgerät, auf dem geht alles. Das hab ich draußen, damit geh ich ins Internet, das nehm ich mit ins Auto. Da hab ich vielleicht besondere Anwendungen. Ich stöpsle es ein und hab dann vielleicht einen vergrößerten Bildschirm im Fahrzeug. Aber für WLAN brauch ich dann immer ein Endgerät. Als Kunde würde ich das auch einfach finden, wenn ich ein Endgerät für alles hätte. Also als Kunde würde ich mir das auch wünschen, dass ich ein Multifunktionsgerät für alles habe und das Fahrzeug nur eine Plattform ist für Lautsprecher und Anzeige – HMI im Grunde.

I: Also die Konvergenz, die man schon am Handy beobachten hat können, also dass einfach viele verschiedene Elektronikgeräte im Handy zusammengefasst werden?

M: Genau. Da kommt dann noch das Navigationsgerät drauf.

I: Noch visionärere Überlegungen sind zB, dass auch gleich der Autoschlüssel ins Handy integriert wird. Das ist auch ein denkbares Szenario. Also das sehen sie auch, dass dieses Szenario immer weiter fortschreitet.

Bezüglich dem Tolling: Ich hab Informationen gefunden, dass in Norwegen und Österreich Dedicated Short Range Communication (DSRC) zur Mauteinhebung genutzt wird, was technologisch gesehen auf WLAN basiert.

M: Das weiß ich nicht. Aber wenn Sie das sagen, dann kann das schon sein.

I: Laut meinen Informationen ist es in Österreich und Norwegen möglich, aufgrund des vorhandenen DSRC eine Erweiterung auf WLAN zu machen. Deswegen auch dieser Feldversuch der ASFINAG, wo eine ganze Teststrecke mit WLAN ausgestattet wurde. Der Trend zeigt also ein bisschen in diese Richtung.

M: Also wenn Maut über WLAN abgerechnet wird, dann kann ich auch Car2Home machen. Und dann bringt mir das auch wieder was. Aber ohne den Zwang von außen, sehe ich das nicht. Und wenn Länder ihr System neu machen oder umstellen, dann kann ich´s mir auch vorstellen. In Deutschland kann ich´s mir schwer vorstellen, dass die nach der langen und mühseligen Umsetzung des Toll-Projekts jetzt auf einmal auf WLAN umsteigen.

I: Kann die notwendige Penetrationsschwelle, damit eine Markteinführung gelingen kann, kann die durch WLAN-Maut oder WLAN-Städte minimiert werden?

M: Städte, die flächendeckend mit WLAN versorgt sind, nützen, glaub ich, nichts. Maut auf jeden Fall. Wenn es ein Mautsystem mit WLAN gibt, dann wäre das ein super Einführungsszenario. Sofern die Einheiten, die dann im Auto verbaut werden, schon die Car2Car-Fähigkeit mit sich bringen. Das wird teuer. Es wird eine Einheit geben, die ins Fahrzeug kommt. Die kostet was. Sie muss eine Funktionalität beinhalten, die zusätzlich kostet.

Maut ist einer der wenigen Wege, den ich für eine Markteinführung sehe.

I: Und bei den Städten sehen Sie einfach nicht die Kompabilität?

M: Ich sehe den Nutzen nicht, warum man das dann nicht auf dem Mobilgerät nutzt.

I: Mein Zugang war auch, dass man eine vorhandene WLAN-Infrastruktur mitnutzt.

M: Aber für welche Anwendung?

I: Für alle. Ähnlich dem Prinzip, wie eine Autobahnstrecke dank WLAN-Maut flächendeckend versorgt sind, so sind das auch Städte, die sich gerade so in Amerika ausbreiten. Also genau das selbe technische Prinzip.

M: In den USA bin ich mir nicht sicher, wie viele frei sind zur Nutzung. Und die haben natürlich garantiert eine andere Technologie, weil bei denen dieses Car2Car auf einem eigenen Frequenzband läuft. Also die brauchen sowieso eine zusätzliche Einheit im Fahrzeug. Selbst wenn man es im Fahrzeug hat, dient es nicht für Car2Car. Ich denke nicht, dass das was wird. Es sei denn man macht eine spezielle Infrastruktur für Car2Car.

Was ich sehe ist, dass wenn die Technologie ähnlich ist, die Einheiten nicht so teuer werden, als wenn´s was ganz Neues wäre. Man hat schon eine Kosteneinsparung, aber man hat keine Synergien.

I: Kann ein Automobilhersteller durch das Eingehen von strategischen Kooperationen, sei´s mit Versicherern, Car2Hotspots, mp3-Download etc, die Markteinführung beschleunigen? Können solche strategische Kooperationen Car2X nutzen?

M: Versicherungen funktioniert nur, wenn die Nutzung von WLAN billiger ist als jene von GSM. Das bringt nur was, wenn man Versicherungsbriefe macht, wo man nur das bezahlt, was man gefahren ist. Das ist das einzige was ich bei Versicherungen heute sehe. Viele nutzen GSM und wenn irgendwann WLAN billiger sein sollte, dann werden die umsteigen. Also da sehe ich keine Kooperationsmöglichkeit.

Bei Tankstellen... Eigentlich nehm ich das Mobilgerät auch fürs mp3-Runterladen. Dann hab ich´s gleich dort, wo ich es für Zuhause auch nutzen kann. Das einzige ist ein Comic-Strip für die Kinder, die jetzt im Auto unruhig sind. Da kann es dann sein, dass das direkt ins Auto und nicht aufs Mobilgerät kommt.

Die Automobilindustrie kann sich halt unbeliebt machen mit der Mauteinführung. Wenn Maut da ist und dann werden andere Anwendungen drauf aufsetzen. Aber solange das nicht da ist... Auch wenn ich an eine Tankstelle an einen Hotspot gehe und ich bin Business-Kunde, dann hab ich meinen Laptop...

I: Liegt vielleicht eine Chance drin, dass ein höherer Komfort generiert werden kann, wenn ich während des Wartens beim Tanken nicht nur in den Shop gehen kann, um angreifbare Produkte zu kaufen, sondern auch digitale, wie zB die neuesten Straßenkarten fürs Navi oder Videos, mp3-Musik?

M: Die Straßenkarten, die ins Auto geladen werden, die denke ich, wird´s auch geben. Da wird ja auch dran gearbeitet, dass das über Funk geht. Da ist aber WLAN auch nur eine Technologie von vielen. Und auch da kann es sein, dass, wenn die mobile Navigation aufs Endgerät wandert, das dem Auto nichts nützt. Aber für die Navigation kann ich mir das vorstellen...

I: Also dass dann auch die Tankstelle ein erweitertes Produktsortiment erhält, indem es digitale Produkte anbietet?

M: Genau. Das kann schon passieren. Wenn standardisierte Karten durchkommen, dann werden Tankstellen digitales Kartenmaterial anbieten. Das wird kommen, davon bin ich fest überzeugt. Entweder man lädt es sich runter auf eine SD-Karte, auf eine CD oder per Funk. Aber auch da ist dann Funk auch nur ein Weg und nicht automatisch. Es ist nur eine Alternative von vielen und dadurch nicht automatisch der Treiber.

I: Ich würde Ihnen jetzt gerne das erste von zwei Schaubildern zeigen, das die Stakeholder von Car2X – sicherlich nicht erschöpfend – darstellt. Wie würden Sie die Bereitschaft der einzelnen Interessensgruppen einschätzen, einen Beitrag zu leisten?

M: Bei den Flottenkunden ist es auch so, dass es bereits existierende Systeme benutzen, in diesem Fall GSM. Das heißt für die wird's nichts Neues geben, nur weil WLAN da ist. Die benützen das nur dann, wenn es verbreitet ist und billiger als GSM ist. Dann werden Sie auf WLAN umsteigen. Aber das ist kein Treiber, das sind für mich Mitläufer.

Dass die Versicherer irgendwo eine Hand drin haben werden, daran glaube ich nicht. Maut kann eine Hand drin haben, sobald es ein neues Mautsystem geben wird.

Öffentliche Interessenten: Ich finde es halt relativ schwierig, dass da wo die meisten Unfälle vermieden und die meisten Kosten gespart werden können, auch die größte Verbreitung im Fahrzeug gebraucht wird. Deswegen kann das öffentliche Interesse nicht über die Unfallvermeidung laufen. Wenn, dann muss das öffentliche Interesse über andere Dinge, zB Vermeidung von Verkehrsstaus oder ähnliches laufen. Oder wenn ein besonderes Event ist in der Stadt und man will eine besondere Verkehrsführung. Das könnte ich mir vielleicht noch vorstellen.

Ich sehe auch, dass Städte, genau wie Sie gesagt haben, in den USA für ihre öffentlichen Aufgaben WLAN statt GSM nutzen. Das kann ich nachvollziehen. Aber ich sehe nicht wie's ins Auto passt.

Kartendaten und Maut: Das sind die einzigen Dinge, wo ich sage, die gehören ins Auto und machen da Sinn. Was noch von Interesse sein kann, ist, wenn man bestimmte Dinge bezahlen kann, zB in Parkhäusern.

I: Also Drive-through-Payment?

M: Ja. Also gerade in Parkhäusern. Aber auch das ist ein Henne-Ei-Problem. Es wird kein Parkhaus diese Funktion einrichten, wenn nicht mindestens 10% aller Autos mit diesem System ausgestattet sind. Sobald das erreicht ist und sobald man´s hat, wird´s Trittbrettfahrer geben, die das nutzen, so wie bei anderen Technologien auch. Aber ich sehe es schwierig.

Sonstige sehe ich nicht, nur zum Mitfahren. Versicherer sehe ich nicht. Automobilhersteller müssten halt sehen, ob sie für Diagnosedaten eine Erfassung machen kann. Da muss er den Kunden zwar um Erlaubnis bitten, aber das kriegt er vielleicht hin, weil´s auch für den Kunden einen Nutzen haben könnte.

Klar, diese Anwendung mit dem Tanken… Es gibt da schon ein paar Anwendungen, die ganz nett sind für den Kunden. Bei Geschäftskunden weiß ich nicht, was da an Anwendungen noch speziell dazukommen soll.

Webunternehmen…

I: …da sind einerseits die Unternehmen gemeint, die im Auftrag von Ministerien oder Städten die Infrastruktur aufbauen, andererseits aber sicher auch die Elektronikzulieferer, die für Hardware sorgen und dann vielleicht auch eigenständig Anwendungen entwickeln.

M: Also Diensteanbieter. Aber die brauchen das mobile Internet. Da muss zuerst das mobile Internet kommen, damit das was wird. Und sonst sind sie halt Auftragnehmer, aber ich sehe nicht wie das das ganze treibt.

Städte haben, denke ich schon ein Interesse an WLAN. Ich weiß nicht genau, wie da die Verbindung zum Auto hergestellt werden soll. Die Unfallvermeidung wenig, Verkehrsgeschichten vielleicht. Diese können aber auch wiederum durch Handyortung gemacht werden. Gerade wenn e-Call kommt und jedes Auto eine GSM-Einheit hat, dann kann Verkehrsinformation sehr genau durch die Handyortung geschehen.

Zu einem europaweiten Mautsystem kann ich noch nichts sagen, außer dass jedes Land schon Lösungen hat, die sie halt schon so umsetzen, wie sie meinen. Und das es einmal EU-weit vereinheitlicht wird, das wäre sehr wünschenswert, aber das wird einfach noch dauern...

I: Zum zweiten Schaubild: Eine Aufzählung der verschiedenen Klassifikationen von Car2X-Diensten. Wie könnte Ihrer Meinung nach die Reihenfolge aussehen auf Basis Ihrer Studien. Also welche Dienste sind zuerst gefragt, welche sind zuerst realisierbar?

M: Car2PersonalEquipment, denke ich, wird als erstes kommen, was wir auch schon haben. Und je nachdem wie es sich entwickelt, wird sich auch alles andere darüber abspielen. Also auch Car2Enterprise kann Car2PersonalEquipment sein. Also ich zahle über mein Handy und das habe dann automatisch Car2Enterprise drinnen bei Car2PersonalEquipment.

Wie gesagt, auch die Schildererkennung geht anders. Car2Car ist halt eine andere Technologie eigentlich. Car2Home ist interessant, aber nur, wenn das „Car2" irgendwie anders genutzt werden kann. Wenn ich Maut über diese Technologie hab, dann kann ich Car2Home darauf aufsetzen, wenn die Leute sagen, ich hab´s sowieso drin und dann kann ich als Delta Car2Home machen. Aber ich sehe es nicht als Treiber oder eigene Anwendung.

I: Was könnte jetzt so ein Treiber sein?

M: Ein Treiber ist nur, was wirklich fahrzeugspezifisch ist, und das ist für mich Maut, also Car2Infrastructure. Jedoch: Verkehrsschilder kann ich anders lesen, Kreuzungen kann ich auch anders deregulieren oder sicherer machen...

I: Dynamische Verkehrsinformationen?

M: Auch die kann ich über die Handyortung machen, sobald es e-Call in allen Autos gibt, weil da brauchen Sie sowieso eine Signalisierung. Die Netzbetreiber finden e-Call natürlich überhaupt nicht gut, weil sie einen zusätzlichen Signalisierungsaufwand dazu bekommen in ihren Netzen, den sie tragen müssen, ohne, dass sie dafür Geld bekommen. Aber wenn die den Signalisierungsaufwand haben, dann wissen sie wo die einzelnen Autos sind. Und dann haben sie auch die Möglichkeit, daraus Verkehrsinfos abzuleiten und diese wiederum zu verkaufen oder an die Kunden zu vertreiben.

I: Also ist GSM ein großes Risiko für Car2X über WLAN?

M: GSM ist ein ganz klarer Konkurrent. Das gibt es bereits und deswegen wird's an ganz vielen Stellen schon benutzt. Ganz einfach. Die LKW kriegen die Mauteinheiten über GSM rein und dann können Sie GSM auch nutzen für ihre Transportlogistik, um immer zu wissen, wo welcher LKW gerade ist.

I: Bei Car2Infrastructure fällt ja auch das Travolution-Projekt rein, das sie vielleicht kennen. Das betreut Cornlius Menig federführend, indem an intelligenten Ampellösungen gearbeitet wird. Stichwort grüne Welle, das Vorrecht für Einsatzfahrzeuge. Wie schätzen Sie das ein? Daran wird ja schon aktiv gearbeitet, er wird erprobt, es wird getestet. Es gibt ja dann schon bald den ersten Feldtest SIM TD.

M: Ich weiß. Ja, die grüne Welle ist natürlich schon interessant. Das ist ja wieder eine sehr fahrzeugspezifische Anwendung, wo ich mir tatsächlich vorstellen kann, dass es da eine Kundengruppe gibt. In der Realisierung wird's auch wirklich nicht sehr einfach. Das macht im Fahrzeug Sinn, denn ich kann ja da nicht mit dem Handy kommunizieren, sondern da muss ich wirklich mit dem Auto kommunizieren. In diesem Fall ist es aber kontraproduktiv, weil das wird nicht funktionieren, wenn's alle haben. Sondern das muss als Premiumdienst angeboten werden. Aber das ist auf jeden Fall auch eine der Anwendungen, die im

Fahrzeug funktioniert, Fahrzeugbezug hat und gegebenenfalls auch von Interesse ist.

I: Zusammenfassend noch mal, von der Reihenfolge: Car2PersonalEquipment sehen Sie als erstes...

M: ... ja. Und ich sehe, dass das gegebenenfalls auch viele Dinge automatisch abdeckt.

I: Dass wenn das Tolling vorhanden ist, dass auch Car2Home dann genutzt wird, weil's einfach möglich ist als Zusatzanwendung...

M: Genau. Vielleicht auch die grüne Welle. Auch die kann auf Tolling aufsetzen. Sobald man das dann hat, gibt es Dinge, die drauf aufsetzen könnten. Aber der Initiator fehlt. Das ist halt schwierig.

I: Ist jetzt wirklich nur die Bereitstellung der Infrastruktur von öffentlicher Seite eine Möglichkeit, dass das ganze in Schwung kommt, sozusagen der Eisbrecher?

M: Aber nicht nur die Bereitstellung, sondern auch der Zwang zur Nutzung, zB durch Maut. Also wenn nur die Infrastruktur bereitgestellt wird, dann nützt das auch noch nicht viel. Weil dann hab ich's noch nicht im Auto und Zuhause auch nicht, wenn ich Car2Home machen will. Ich muss es ja im Auto haben. Und erst wenn's im Auto ist, dann wird's es eventuell auch in den Unternehmen geben. Also die Reihenfolge ist einfach auch eine andere. Nur die Infrastruktur reicht nicht, sie muss auch einen ganz konkreten Sinn haben.

I: Da planen die Automobilhersteller in Amerika 2008 ein Commitment zu beschließen, das die Markteinführung von Car2X regelt, um dieses System auch in die Autos rein zu bekommen. Da werden enorme Anstrengungen unternommen. Wann würden Sie so ein ähnliches Commitment von europäischer Seite sehen, um sich wirklich dafür zu entscheiden, Car2X zu realisieren und auch die Neuproduktion serienmäßig mit einer Basis-Car2Car-Unit auszustatten?

M: Ich sehe es gar nicht. Ich sehe es einfach nicht, weil ich nicht wüsste, warum. Gerade wenn´s e-Call gibt, wüsste ich nicht mehr, warum. Ich hab´s ja auch schon in der Studie eigentlich nicht gesehen und da hat sich nichts verändert.

I: Also Sie würden eher GSM als Technologie nach derzeitigem Stand bevorzugen?

M: Ja. Also wenn die Regierung sagt, wir wollen Car2Car und es ist ein Zwang, alle Autos auszustatten, dann funktioniert´s auch. Wenn wir sagen, wir machen Maut über WLAN, dann funktioniert das. Aber mehr sehe ich nicht. Grüne Welle ist eine nette Anwendung, aber die wird´s nur für wenige geben, und die wird auch nur einigen nützen.

I: Grüne Welle meint ja auch die höhere Mobilität, die Steigerung der Verkehrseffizienz, indem der einzelne schneller vorankommt.

M: Ja, aber dafür zahlt nicht der einzelne. Dafür wird sich nicht der einzelne eine Einheit ins Auto bauen. Das wird der Staat sein, der sagt, dafür baue ich die Infrastruktur auf. Vor allem nicht wenn ich mitfahren kann, weil ich das System mitbenutzen kann, weil´s auch andere haben. Das sehe ich nicht als Treiber.

Car2Home kann auch Car2Home2PersonalEquipment sein. Car2Office ist was anderes, wenn ich zu einer Werkstatt fahre, aber das wird´s das auch als Add-on geben. Das ist kein Nutzen für den jemand Geld ausgibt. Kartendaten runterladen wird auch über GSM oder UMTS gehen.

I: Ist so ein hybrides Szenario möglich, mehrere Technologien im Auto integriert zu haben? GSM und UMTS, weil´s jetzt schon verwendet wird. Für Car2Car WLAN und GPS zur Ortung. Letzteres auch weil´s ja schon in den Navigationsgeräten vorhanden ist, was ja auch die Basis fürs WLAN-Modul sein soll.

M: Ja, ich denke es wird mehrere Funksysteme im Auto geben. Aber wie gesagt: Selbst wenn ich WLAN im Auto habe, dann ist das noch lange nicht Car2Car. Die Technologie für Car2Car ist eine andere.

I: Ich meine WLAN immer als Terminus für die Technologie, die dann Car2Car zugrunde liegt.

M: Ich denke es wird GPS, GSM und Bluetooth geben für die Anwendung der mobilen Geräte. Ob´s noch ein Infotainment-WLAN oder ein Car2Car-WLAN gibt, ja vielleicht. Aber das sehe ich nicht in der Masse.

I: Zusammenfassend: Wie würden Sie ein Markteinführungsszenario sehen aufgrund dieser Vielfalt von Technologien?

M: Ich sehe es nur über Zwang, nur über den Staat. Entweder Maut oder er schreibt Car2Car vor, genau wie er e-Call vorschreibt. Das ist das einzige, was ich sehe.

I: Also der Automobilhersteller wird Ihrer Meinung auch nicht gewillt sein, da vorzuinvestieren?

M: Nein.

I: Weil einfach zu hohe Risken verbunden sind?

M: Ja, und er kann es ja nicht einmal alleine. Audi kann nicht sage, ich investiere vor, so viele Autos verkaufen die gar nicht. Selbst wenn sie sich mit Volkswagen zusammentun, wird´s schwierig. Also das sehe ich nicht. Also in Deutschland müssen – damit Car2Car überhaupt verkauft werden kann und dann ist da noch die Frage, wird´s überhaupt verkauft – 4 Mio. Einheiten im Verkehr sein, die man vorstrecken muss. Das ist viel. Und Einheiten, die man letztendlich für nichts anderes nutzen kann, weil die Car2Car-Einheiten nicht die Car2Infrastructure-Einheiten sind.

I: Wobei das Car2Car Consortium ja genau an solchen Lösungen intensivst arbeitet, wo wirklich alle deutschen Automobilhersteller und auch viele andere unter einem Dach vereinigt sind.

M: Ich sag zu der Sache jetzt nichts vor laufendem Aufnahmegerät.

Also ich würde mich freuen, wenn's funktioniert. Aber nach meinen Untersuchungen und Überlegungen sehe ich das nicht. Irgendwas muss passieren, was ich nicht berücksichtigt habe. Irgendetwas anderes, eine neue Anwendung oder irgendetwas, was noch nicht da war, worüber ich noch nicht nachgedacht habe, weil ich's noch nicht kannte, nicht wusste, nicht auf die Idee gekommen bin. Dann vielleicht. Aber mit den Dingen, die ich untersucht habe, also die die da stehen, sehe ich's nicht. Außer, das was auch da steht: Zwang, Maut.

I: Also zum Abschluss eher ein negatives Bild, wie's mit Car2X weitergehen wird?

M: Car2Car! Das Fahrzeug wird auch in die vernetzte Welt des Kunden integriert werden. Daran glaube ich auch fest. Aber das wird wahrscheinlich anders laufen und für Car2Car nicht nutzbar sein. Technologisch. Das wird über dieses Personal Equipment gehen. Also da bin ich sicher, dass das passiert. Aber da wird's ganz ganz schwer für einen Automobilhersteller, Geld damit zu verdienen.

I: Dann bedanke ich mich für Ihre Sichtweise der Dinge über Car2Car und Car2Sonstiges.

Autorenprofil

René J. Laglstorfer wurde 1984 in Steyr, Österreich geboren. Er absolvierte die Bundeshandelsakademie in seiner Heimatstadt und schloss anschließend die Studien Medienmanagement sowie Sprachen, an Universitäten und Hochschulen in Spanien, Tschechien, China, Österreich und Portugal, mit ausgezeichnetem Erfolg ab. Während seiner Studien war Laglstorfer unter anderem auch ein Jahr am Ingolstädter Stammsitz der AUDI AG, in den Abteilungen Konzernkommunikation, Technische Entwicklung und Produktmarketing als Praktikant bzw. Diplomand tätig, bevor er in Frankreich und China als Gedenkdiener Auslandsdienst leistete. Nach ausgedehnten Reisen gründete der Kommunikationsexperte das STEYRER PRESSEBÜRO (www.steyrer-pressebuero.tk) und lebt seither als Print-, Radio- und Reisejournalist, Fotograf und Buchautor in Dietach/Steyr.